수학
퍼즐

하루 5분 **두뇌 트레이닝**

수학퍼즐

박형빈 · 이헌수 지음

KM 경문사

MATH PUZZLE **PREFACE**

이 책을 시작하며

건강한 몸을 만들기 위하여 우리는 여러 가지 운동기구를 사용하고 많은 시간과 노력을 아끼지 않으며 운동을 한다. 건강한 신체를 만들기 위하여 노력하는 것과 같이, 현명한 지혜를 가진 똑똑한 머리를 만들기 위하여 우리가 사용하는 실질적인 도구가 수학이라고 생각한다. 그런데 현실적으로는 수학을 입시만을 위한 과목으로 생각하고 좋은 점수만 얻기 위하여 모든 노력을 기울이고 있다. 수학 본래의 목적을 상실하고 있을 뿐만 아니라 수학에 대한 흥미도 잃어가는 안타까운 실정이다.

저자는 평소에 '어떻게 하면 흥미롭고 지루하지 않게 수학을 공부할 수 있을까'를 고민하며 재미있게 생각하고 스스로 해결할 수 있는 수수께끼 같은 문제들을 만들어보고 여러 가지 자료를 참고하며 이 책을 쓰게 되었다.

지적호기심이 있는 학생이라면 초등학생부터 중·고등학생들까지 흥미를 가지고 문제를 풀 수 있으리라 생각한다. 또한 전공과 관계없이 대학생, 수학교사, 수학강사 등 수학과 가까이 지내는 사람들과 사고력을 증진시키기를 원하는 사람이라면 누구나 가까이 두고 쉽게 풀어볼 수 있으리라 생각한다. 이 책이 독자의 지적능력과 논리적인 사고능력 배양에 도움이 되기를 바란다.

MATH PUZZLE CONTENTS

QUESTION

- 001 MATH PUZZLE **EASY**
- 065 MATH PUZZLE **MEDIUM**
- 127 MATH PUZZLE **HARD**

ANSWER

- 173 MATH PUZZLE **EASY**
- 199 MATH PUZZLE **MEDIUM**
- 234 MATH PUZZLE **HARD**

EASY
MEDIUM
HARD

MATH PUZZLE

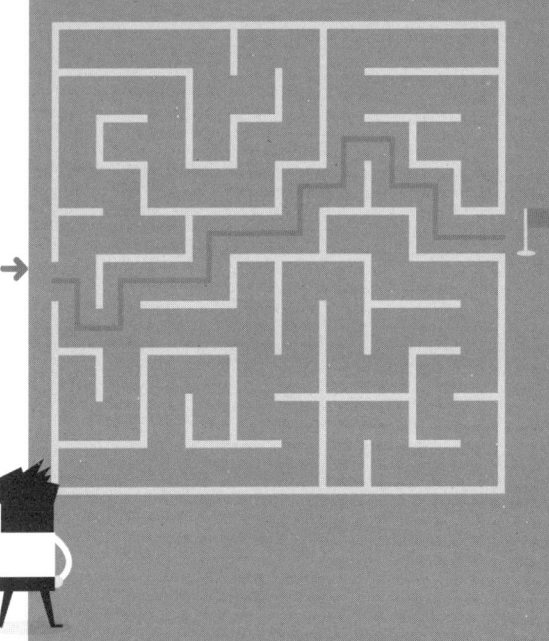

MATH PUZZLE

001 PUZZLE

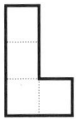

위의 퍼즐을 6개 사용하여 다음의 3×8 체크보드를 모두 덮어보자.

3×8 체크보드

MATH PUZZLE EASY

002 PUZZLE

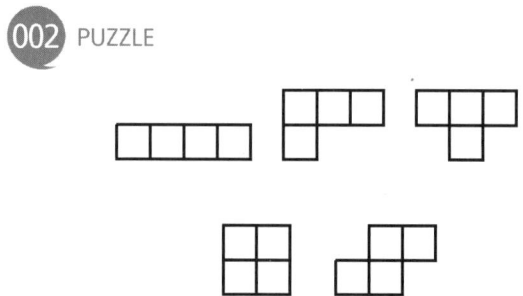

위의 5가지 퍼즐을 2개씩 이용하여 4×10 체크보드를 모두 덮어보자.

4×10 체크보드

003 PUZZLE

다음은 정사각형 32개로 이루어진 격자판이다. 1부터 4까지의 숫자가 모두 포함되도록 정사각형 4개를 연결해보자.

	1	2	2	3	
1	3	4	2	1	4
4	3	2	3	4	3
3	4	1	1	2	1
1	3	2	3	1	4
	2	4	2	4	

 PUZZLE

다음은 정사각형 60개로 이루어진 격자판이다. 1부터 5까지의 숫자가 모두 포함되도록 정사각형 5개를 연결해보자.

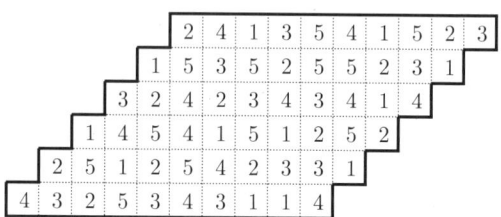

005 PUZZLE

다음은 정사각형 60개로 이루어진 격자판이다. 1부터 5까지의 숫자가 모두 포함되도록 정사각형 5개를 연결해보자.

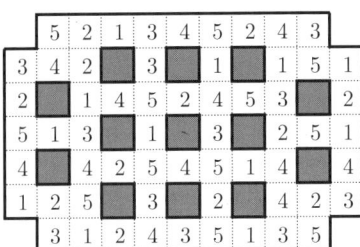

PUZZLE

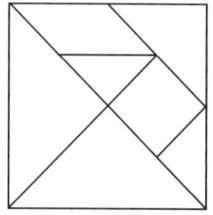

위의 정사각형을 이루는 7개의 퍼즐을 이용하여 다음과 같은 모양을 만들어보자.

007 PUZZLE

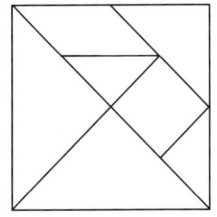

위의 정사각형을 이루는 7개의 퍼즐을 이용하여 다음과 같은 모양을 만들어보자.

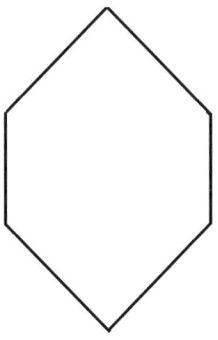

008 PUZZLE

18개의 성냥개비를 이용하여 6개의 작은 삼각형과 2개의 큰 삼각형을 다음 그림과 같이 만들었다. 이 중 6개의 성냥개비를 이동시켜 주어진 도형을 6등분해보자.

Hint 크기가 같은 평행사변형이 6개 만들어진다.

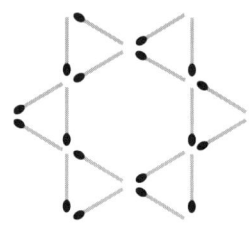

009 PUZZLE

3개의 성냥개비를 이동시켜서 크기가 같은 정사각형을 5개 만들어 보자.

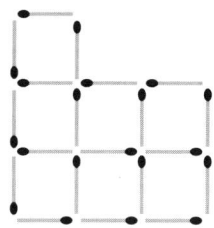

ANSWER p.175

 PUZZLE

8개의 성냥개비를 제거하여 2개의 정사각형을 만들어보자. 단, 남아 있는 정사각형은 연결되어 있어야 한다.

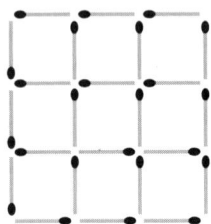

011 PUZZLE

16개의 바둑돌을 다음 그림과 같이 배열하였다. A에서 시작하여 C를 거쳐 D까지 세면 11개이고, B에서 시작하여 C를 거쳐 D까지 세어도 11개이다. 여기서 바둑돌 2개를 뺀 후에 위와 같은 방법으로 세어서 11개가 되게 하는 또 다른 형태의 배열을 만들어보자.

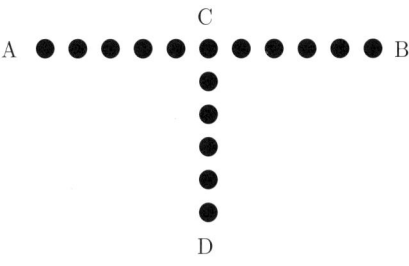

ANSWER p.176

012 PUZZLE

다음 그림과 같이 2×3 격자 안에 1부터 5까지 숫자가 적힌 5개의 바둑돌이 들어 있다. 한 번에 하나의 바둑돌을 수평 또는 수직에 있는 빈칸으로 이동시켜서 1번 바둑돌과 2번 바둑돌의 위치를 바꿔 보자. 단, 마지막 단계에서 3, 4, 5번 바둑돌의 위치는 상관없다. 모든 과정을 끝마치기 위해서는 최소한 몇 단계가 필요할까?

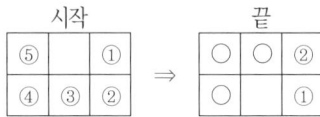

013 PUZZLE

다음 그림과 같이 16개의 네모 칸 안에 흰 바둑돌과 검은 바둑돌이 4개씩 들어 있다. 같은 색의 바둑돌 2개가 같은 행에 수직으로, 수평으로, 대각선으로 놓이지 않도록 바둑돌을 재배열해보자.

MATH PUZZLE EASY

014 PUZZLE

다음 그림과 같이 바둑돌이 배열되어 있을 때, 맨 아랫줄 ★에 위치할 바둑돌의 배열은 무엇일까?

Hint 위 행에서 아래 행으로 내려갈 때, 바둑돌의 색깔을 주의 깊게 살펴보라.

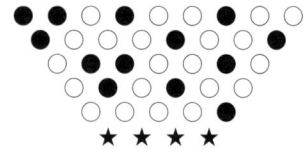

015 PUZZLE

다음 그림과 같이 모서리의 길이가 4m인 정육면체가 있다. 각 면을 빨간색으로 칠한 후에 모서리의 길이가 1m인 64개의 작은 정육면체로 잘랐다.

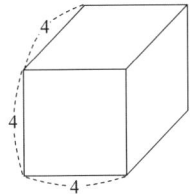

(1) 어느 면에도 빨간색이 칠해지지 않은 작은 정육면체는 몇 개일까?
(2) 한 면에만 빨간색이 칠해진 작은 정육면체는 몇 개일까?
(3) 세 면에 빨간색이 칠해진 작은 정육면체는 몇 개일까?

016 PUZZLE

다음의 사슬 4개를 연결하여 1개의 사슬을 만들기 위해서는 최소한 몇 개의 고리를 잘라야 할까?

017 PUZZLE

어떤 아버지가 5그루의 사과나무가 있는 5×5 모양의 땅을 4명의 아들에게 다음 기준에 따라 나누어 주려고 한다. 어떻게 나누어 주어야 할까?

① 넓이가 같도록 5등분 한다.
② 각 아들들이 사과나무 한 그루씩을 가지도록 땅을 분배한다.
③ 아버지의 땅은 모양이 달라도 되나 반드시 사과나무가 있고, 한 덩어리로 이어져 있어야 한다.
④ 아버지의 땅은 네 아들의 땅들과 적어도 한 변을 공유한다.
⑤ 네 아들의 각자의 땅은 두 아들의 땅과 변을 공유한다.

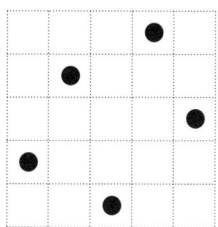

018 PUZZLE

다음 그림과 같이 가로가 16이고 세로가 9인 직사각형이 있다. 직사각형을 2등분한 뒤 이것을 짜 맞췄을 때 정사각형이 되도록 해보자.

```
          16
   ┌──────────────┐
 9 │              │
   └──────────────┘
```

019 PUZZLE

임의의 원의 둘레를 따라서 20개의 점들이 다음 그림과 같이 놓여 있다.

두 사람이 번갈아서 임의의 두 개의 점을 선택하여 선분으로 연결하다가 선분을 그릴 수 없는 사람이 지는 게임이다. 이때 둘 중 누가 이길까?(단, 선분끼리 가로지를 수 없다.)

 PUZZLE

4×4 체스보드 위에 4개의 말을 놓는데, 2개의 말이 같은 행이나 같은 열에 놓이지 않고, 모든 말이 서로 대각선으로 놓이지 않도록 해보자.

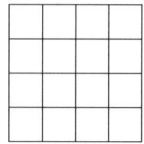

021 PUZZLE

다음 그림과 같은 땅의 가장자리에 모두 같은 간격으로 말뚝을 박으려고 한다. 최소한 몇 개의 말뚝이 필요할까? (단위: m)

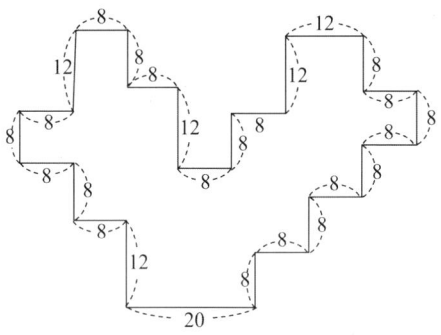

 PUZZLE

다음 그림과 같이 영역 EOF는 중심이 O인 원의 1/4이다. 선분 AC의 길이는 8cm이고 선분 BC의 길이는 6cm이다. 회색 부분의 넓이를 구해보자.

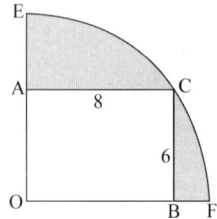

023 PUZZLE

다음 그림과 같은 삼각형 ABC의 넓이는 40cm²이고 선분 BD의 길이는 선분 AB의 길이의 1/4, 선분 EC의 길이는 선분 AC의 길이의 1/3이다. 삼각형 CDE의 넓이를 구해보자.

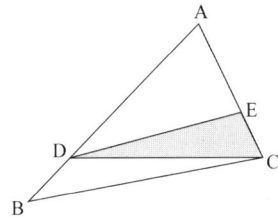

ANSWER p.181

024 PUZZLE

다음 사다리꼴의 회색 부분의 넓이를 구해보자. (단위 : cm)

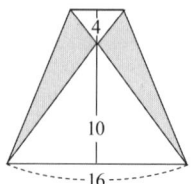

025 PUZZLE

다음 그림과 같이 5개의 원이 있다. 가장 큰 원의 지름은 40cm이고 큰 원 안에 있는 지름은 4개의 작은 원의 지름이다. 4개의 원의 원주 길이와 큰 원의 원주 길이의 합을 구해보자.

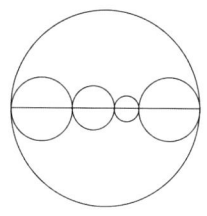

026 PUZZLE

9, 2, 2, 2를 사용하여 0부터 12까지 수를 만들어보자. 단, 사칙연산과 괄호만을 사용해야 하고 계산의 첫 숫자는 반드시 9로 시작해야 한다. 다음 식은 3을 만드는 예 중 하나이다.

$$9 - 2 - 2 - 2 = 3$$

027 PUZZLE

9, 7, 3, 1을 사용하여 1부터 13까지 수를 만들어보자. 단, 사칙연산, 괄호, 음수기호만 사용해야 하고 모든 계산은 반드시 9로 시작해야 한다.

028 PUZZLE

다음과 같이 일정한 규칙에 의해 숫자가 배열되어 있다. 숫자가 배열된 규칙을 찾고 마지막 □에 들어갈 수를 구해보자.

1, 3, 6, 10, 15, □

Hint 인접한 항의 차로 이루어진 수열인 '계차수열'을 활용해보자.

029 PUZZLE

다음의 숫자 배열에서 네 번째 항인 18 다음에 올 수는 무엇일까?

$$77 \quad \rightarrow \quad 49 \quad \rightarrow \quad 36 \quad \rightarrow \quad 18 \quad \rightarrow \quad ?$$

030 PUZZLE

다음과 같이 일정한 규칙에 의해 수들이 배열되어 있다. 규칙을 찾고 마지막 □에 들어갈 수를 구해보자.

$$2,\ 3,\ 5,\ 7,\ 11,\ 13,\ \square$$

Hint 인접한 항의 차로 이루어진 수열인 '계차수열'을 활용해보자.

031 PUZZLE

다음과 같이 일정한 규칙에 의해 수들이 배열되어 있다. 규칙을 찾고 마지막 □에 들어갈 수를 구해보자.

2 3 5 8 13 21 34 55 □

032 PUZZLE

다음 여섯 자리 수 312132에는 숫자 1, 2, 3이 두 개씩 들어 있다. 그리고 두 개의 1 사이에는 한 개의 숫자가 존재하고, 두 개의 2 사이에는 두 개의 숫자가 존재하고, 두 개의 3 사이에는 세 개의 숫자가 존재한다.

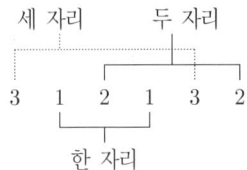

두 개의 4를 더해 여덟 자리의 숫자를 만들어 위의 특성과 같이 두 개의 4 사이에 네 개의 숫자가 존재하도록 만들어 보자.

033 PUZZLE

주어진 두 개의 낱말 중 한 낱말을 선택한 뒤 선택한 낱말에서 한 글자만 바꿔서 두 번째 단어를 만들고, 두 번째 단어에서 다시 한 글자만 바꿔서 또 다른 단어를 만들고, 이와 같은 방법을 반복하여 처음 주어진 나머지 하나의 낱말을 만드는 문제이다. 다음은 '사랑'이라는 단어에서 두 단계를 거쳐 '이별'이라는 단어를 만드는 하나의 예이다.

이와 같은 방법을 사용하여 '하수도'라는 단어로 '독수리'와 '저수지'를 만들어보자.

PUZZLE

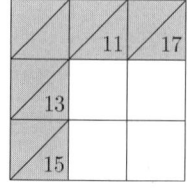

위의 그림과 같이 가로에 적혀 있는 숫자는 빈칸의 가로에 들어갈 수의 합이고 세로에 적혀 있는 숫자는 빈칸의 세로에 들어갈 수의 합이라고 할 때, 1부터 9까지의 숫자를 사용하여 다음 빈칸을 모두 채워보자.

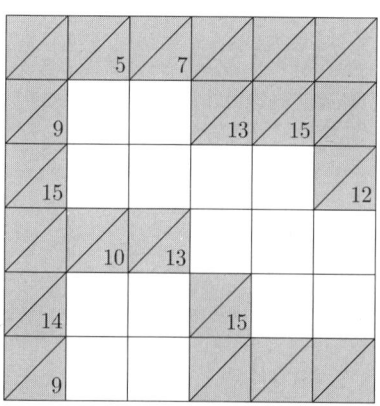

035 PUZZLE

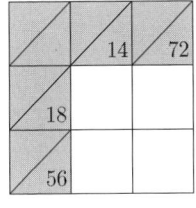 ⇒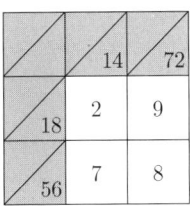

위의 그림과 같이 가로에 적혀 있는 숫자는 빈칸의 가로에 들어갈 수의 곱이고 세로에 적혀 있는 숫자는 빈칸의 세로에 들어갈 수의 곱이라고 할 때 다음 빈칸을 모두 채워보자.

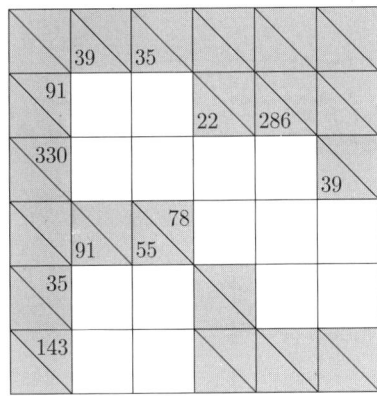

036 PUZZLE

다음 빈칸에 주어진 숫자들을 채우는 데 한 칸에 숫자 하나씩만 쓸 수 있다.

15, 35, 53, 57, 157, 315, 513, 713, 753

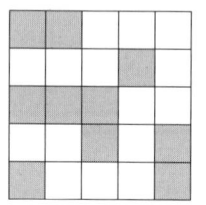

위의 예시를 참고하여 주어진 숫자들을 사용하여 다음 빈칸을 채워보자.

13, 31, 37, 49, 59, 94

199, 300, 337, 343, 404, 551, 701, 749

1830, 7707

037 PUZZLE

다음 게임의 규칙은 가로축과 세로축에 나열된 숫자만큼 네모 칸을 연속으로 칠하되, 숫자 사이에는 하나 이상의 빈칸을 두어야 한다는 것이다

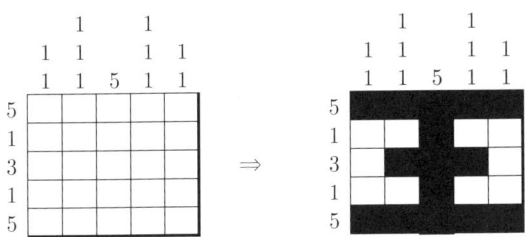

위의 예를 참고하여 다음에 숨겨진 그림을 찾아내보자.

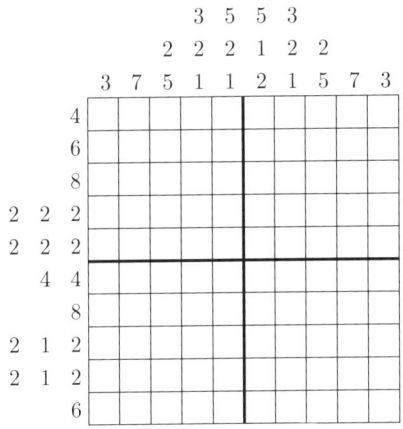

038 PUZZLE

앞의 문제와 같이 바둑판 모양의 위쪽의 가로축과 왼쪽의 세로축에 나열되어 있는 숫자의 배열을 이용해 숨어 있는 그림을 찾아보자.

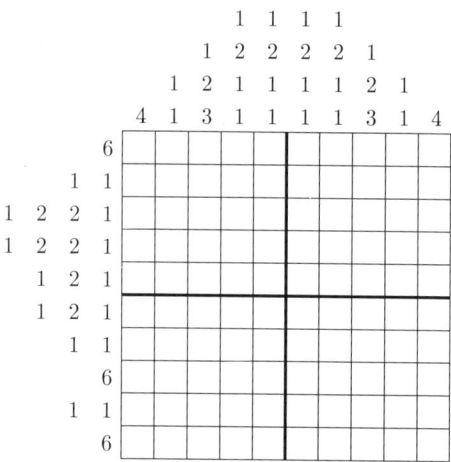

039 PUZZLE

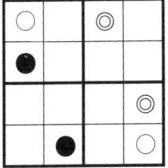

위의 그림과 같은 4×4의 네모 칸에 ○, ◎, ●가 들어 있다. 각각의 빈칸에 ○, ◎, ●, ◇을 채워 넣는데 가로줄(행), 세로줄(열)과 2×2의 4개의 네모 칸(굵은 줄) 안에 각각의 그림이 겹치지 않게 빈칸을 채워보자.

040 PUZZLE

$$\begin{array}{r} AA \\ +B \\ \hline BCC \end{array}$$

위의 식에서 각각의 알파벳은 서로 다른 숫자를 나타내고 있다. 알파벳에 해당하는 숫자를 구해보자.

041 PUZZLE

다음의 나눗셈이 성립하도록 빈칸에 적당한 숫자를 채워보자.

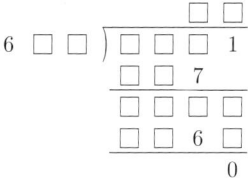

042 PUZZLE

모양과 크기가 같은 8개의 달걀 중 무게가 가벼운 달걀이 하나 있다. 천칭(접시저울)을 두 번만 사용하여 무게가 가벼운 달걀을 찾아보자.

043 PUZZLE

개천에서 용량이 10ℓ와 16ℓ인 2개의 주전자를 사용하여 4ℓ의 물을 기르려고 한다. 물을 채우고 비우는 횟수는 최소 몇 번일까?

044 PUZZLE

어두운 정글 속에서 4명의 청년들이 길을 헤매다 다리를 하나 발견하였다. 이 다리는 너무 오래되어 한 번에 2명만이 건널 수 있고, 주변이 어둡기 때문에 언제나 손전등이 필요하며, 함께 건너는 사람 중 느린 사람의 속도로 건너야만 한다. 2명이 다리를 건넌 뒤 2명 중 1명은 반대편 사람을 위해 손전등을 가지고 되돌아와야만 한다. 4명의 청년 중 1명은 다리를 건너는 데 1분이 걸리고 다른 사람들은 각각 2분, 5분, 8분씩 걸린다. 어떻게 하면 4명 모두 15분 만에 다리를 건널 수 있을까?

045 PUZZLE

가방 안에 검은색과 흰색 2가지 색깔의 구슬이 들어 있다. 가방 안을 들여다보지 않고 가방 안에서 구슬 2개를 꺼냈을 때 구슬이 같은 색깔이라면 가방 안에는 최소한 몇 개의 구슬이 들어 있을까?

Hint '만약 비둘기 일곱 마리가 여섯 개의 집에 들어 있다면 비둘기가 두 마리 또는 그 이상 들어 있는 집이 적어도 하나는 있다.'는 비둘기 집 원리를 활용해보자.

046 PUZZLE

100명의 사람이 원형 테이블에 앉아 있는데 이 중에서 51명 이상이 남자라고 한다. 이때 대각선으로 마주보고 앉아 있는 두 남자가 존재함을 설명해보자.

Hint '만약 비둘기 일곱 마리가 여섯 개의 집에 들어 있다면 비둘기가 두 마리 또는 그 이상 들어 있는 집이 적어도 하나는 있다.'는 비둘기 집 원리를 활용해보자.

047 PUZZLE

한 변의 길이가 2인 정사각형 안에서 점을 5개 찍으면 점 사이의 거리가 $\sqrt{2}$ 이하인 두 점이 존재함을 설명해보자.

048 PUZZLE

한 변의 길이가 1인 정삼각형 안에 점을 10개 찍으면 거리가 $\frac{1}{3}$ 이하인 두 점이 존재함을 설명해보자.

049 PUZZLE

어느 상점에 다섯 종류의 찻잔과 세 종류의 잔 받침을 판매한다고 한다. 찻잔과 잔 받침으로 구성된 세트를 구입할 수 있는 가짓수는 모두 몇 가지일까? 또한 네 종류의 티스푼도 판매한다면 찻잔, 잔 받침, 티스푼으로 된 세트를 구입하는 가짓수는 모두 몇 가지일까?

 PUZZLE

각 자리 수가 홀수로만 이루어진 자연수를 '홀수로 이루어진 수'라고 할 때, '홀수로 이루어진 네 자리 수'는 모두 몇 가지가 존재할까?

051 PUZZLE

알파벳을 임의로 배열한 것을 (사전적으로 의미가 없더라도) '단어'라고 부르자. 예를 들면 A, B, C를 단 한 번씩만 사용하여 ABC, ACB, BAC, BCA, CAB, CBA의 여섯 가지 단어를 만들 수 있다. 'TRUST'라는 단어의 알파벳을 재배열하여 만들 수 있는 서로 다른 단어의 수는 모두 몇 가지일까?

052 PUZZLE

n이 자연수일 때, 볼록한 n-다각형에는 대각선이 몇 개 있을까?

053 PUZZLE

여섯 자리 숫자 중 각 자리 수가 모두 홀수로만 이루어졌거나 모두 짝수로만 이루어진 수는 모두 몇 가지일까?

MATH PUZZLE EASY

 PUZZLE

어느 나라에 20개의 도시가 있고 모든 도시는 다른 도시와 연결되는 비행기 노선이 있다고 한다. 이 나라의 비행기 노선은 모두 몇 가지일까?

055 PUZZLE

여섯 자리 숫자 중 각 자리 수가 모두 홀수로만 이루어졌거나 모두 짝수로만 이루어진 수는 몇 가지일까?

MATH PUZZLE EASY

 PUZZLE

숫자 1, 2, 3, 4를 한 번씩만 사용하여 만든 서로 다른 네 자리 자연수 중 4로 나누어떨어지는 수는 모두 몇 가지일까?

057 PUZZLE

어느 도시의 도로망이 다음 그림과 같다. A지점에서 B지점으로 가는 최단거리의 경우의 수를 구해보자.

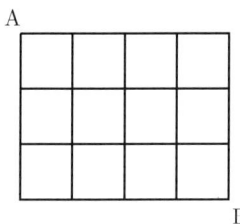

058 PUZZLE

다음 그림에서 A지점에서 B지점으로 가는 최단 경로의 수를 구해 보자(단, × 지점은 지나갈 수 없다).

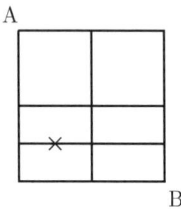

059 PUZZLE

1부터 9까지의 숫자 중 8개를 뽑아 다음과 같은 수를 만들었다.

$$\Box + \Box + \Box = 14$$
$$\Box + \Box = 10$$
$$\Box = 4$$
$$\Box + \Box = 12$$

1부터 9까지의 숫자 중 무엇이 빠져 있을까?

060 PUZZLE

1989^{1989}의 마지막 자리 수를 구해보자.

061 PUZZLE

777^{777}의 마지막 자리 수를 구해보자.

MATH PUZZLE EASY

062 PUZZLE

다음 그래프 중에서 한붓 그리기가 가능한 그래프는 무엇일까?

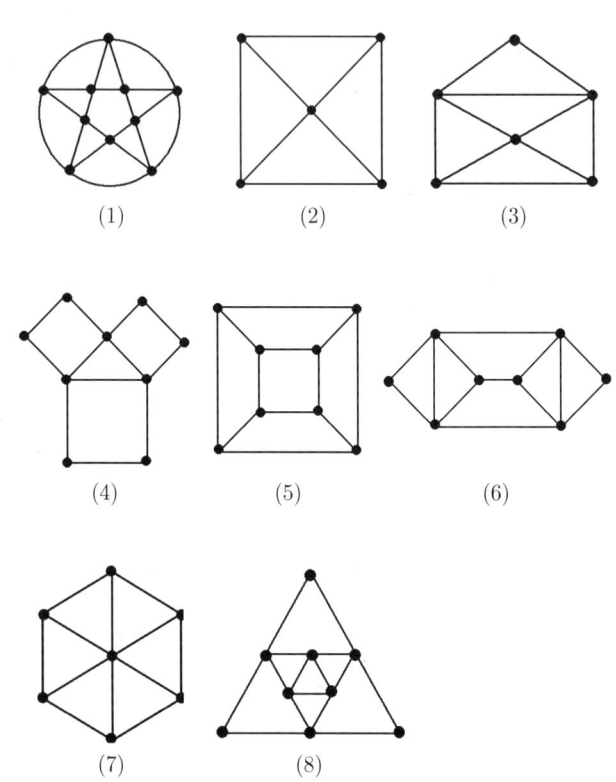

EASY
MEDIUM
HARD

MATH PUZZLE

MATH PUZZLE

001 PUZZLE

다음은 정사각형 62개로 이루어진 격자판이다. 1부터 4까지의 숫자가 모두 포함되도록 정사각형 4개를 연결해보자.

4	2	1	3	2	4	2	1
3	1	2	4	4	1	3	4
2	1	3	3	1	4	3	3
3	4	3			2	4	2
1	1	4			1	2	3
4	2	1	2	3	4	2	1
1	3	4	3	1	2	3	2
2	3	4	1	2	1	4	4

MATH PUZZLE MEDIUM

 PUZZLE

다음은 정사각형 60개로 이루어진 격자판이다. 1부터 5까지의 숫자가 모두 포함되도록 정사각형 5개를 연결해보자.

			5	2	4			
			3	1	3			
			1	1	2			
4	5	2	2	5	4	5	2	4
1	4	5	3	4	3	1	3	5
2	3	1	2	1	5	4	3	2
			5	4	3			
			1	2	5			
			1	3	4			
			4	2	5			
			5	1	4			
			3	3	5			
			4	1	2			
			2	1	3			

003 PUZZLE

다음의 T자형 퍼즐을 같은 모양, 같은 크기의 퍼즐로 4등분한 후에, 그 퍼즐을 이용해 십자가 모양을 만들어보자.

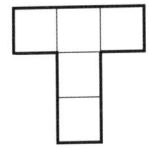

004 PUZZLE

다음의 T자형 퍼즐을 같은 모양, 같은 크기의 퍼즐로 4등분한 후에, 그 퍼즐 4개로 I, L, P, U 모양을 만들어보자.

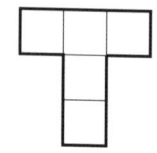

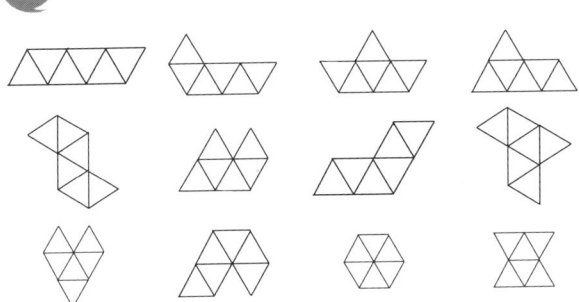

위의 12가지 퍼즐을 이용하여 다음의 도형을 덮어보자.

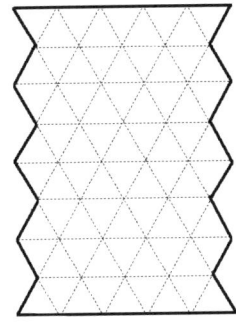

006 PUZZLE

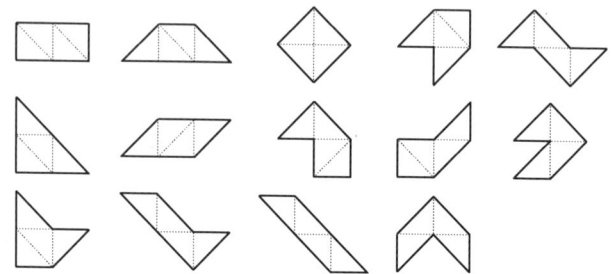

위의 14가지 퍼즐을 이용하여 다음의 도형을 덮어보자.

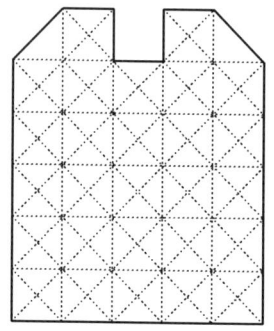

007 PUZZLE

6개의 성냥개비를 제거하여 정사각형 3개를 만들어보자. 단, 남아 있는 정사각형은 반드시 연결되어 있어야 한다.

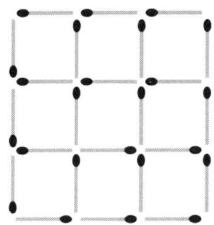

MATH PUZZLE MEDIUM

 PUZZLE

9개의 성냥개비를 제거하여 모든 도형이 정사각형이 되지 않도록 만들어보자.

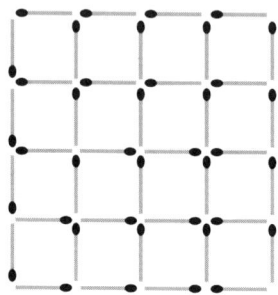

009 PUZZLE

20개의 성냥개비 중 14개를 이용하여 [그림 1]과 같은 형태로 배열하고 6개를 이용하여 [그림 2]와 같은 형태로 배열하였다. 이때 두 그림의 넓이의 비율은 1 : 3이다. 20개의 성냥개비 중 13개와 7개를 사용하여 둘러싸인 두 영역을 만들되 하나의 넓이가 다른 하나의 넓이의 정확히 3배가 되도록 재배열해보자.

[그림 1]

[그림 2]

ANSWER p.202

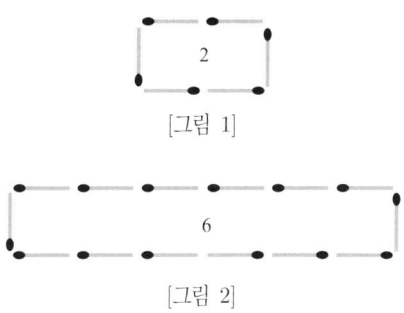

MATH PUZZLE MEDIUM

010 PUZZLE

[그림 1]과 같이 흰 바둑돌 3개와 검은 바둑돌 3개가 놓여 있다. 한 번에 바둑돌 두 개씩(단, 두 바둑돌의 순서는 바꿀 수 없고, 세로로 놓을 수 없음) 가로로만 세 번 옮겨서 [그림 2]와 같이 흰 바둑돌과 검은 바둑돌이 교대로 놓이도록 배열해보자.

[그림 1]　　　　　　　　　　[그림 2]

011 PUZZLE

다음 그림과 같이 흰 바둑돌 5개와 검은 바둑돌 5개가 나란히 놓여 있다. 인접해 있는 2개의 바둑돌을 한 번에 움직일 수 있을 때, 5번만 움직여서 흰 바둑돌과 검은 바둑돌을 교대로 배열해보자.

MATH PUZZLE **MEDIUM**

012 PUZZLE

다음 그림 중 '시작' 그림과 같이 7개의 칸에 1부터 6까지 숫자가 적힌 바둑돌이 들어 있다. '끝' 그림과 같이 모든 바둑돌의 순서를 처음의 역순이 되게 재배열해보자. 단, 한 번에 하나의 바둑돌만 이동할 수 있는데 오직 한 칸씩 바로 옆 칸으로 이동하거나, 다른 바둑돌 한 개를 건너뛰어 빈칸으로 이동할 수 있다. 이 모든 과정을 끝내기 위해서 최소한 몇 단계가 필요할까?

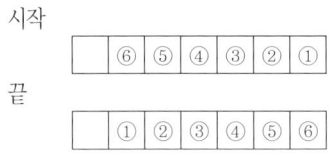

013 PUZZLE

[그림 1]과 같이 4×4개의 정사각형 안에 1부터 16까지의 숫자가 적힌 바둑돌이 놓여 있다. 두 숫자의 위치를 맞바꾸는 방법을 이용하여 [그림 2]와 같은 순서로 숫자를 재배열하는 데 필요한 최소 교환 횟수는 몇 번일까?

⑥	④	⑭	⑤
⑪	⑨	⑦	①
⑧	⑬	⑮	③
⑯	⑫	②	⑩

[그림 1]

①	②	③	④
⑤	⑥	⑦	⑧
⑨	⑩	⑪	⑫
⑬	⑭	⑮	⑯

[그림 2]

ANSWER ? p.204

014 PUZZLE

[그림 1]과 같이 평평한 바닥에 6개의 동전이 놓여 있다. 각각의 동전은 다른 동전을 건드리지 않으면서 이동하고, 이동한 동전의 새로운 위치는 항상 두 개의 동전과 맞붙어 있어야 한다. 그리고 동전은 항상 바닥에 붙어 있어야 한다. 이와 같은 방법으로 4개의 동전을 이동시켜 [그림 2]의 형태로 만들어보자.

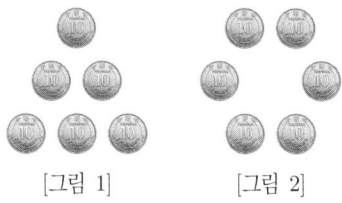

[그림 1]   [그림 2]

015 PUZZLE

다음 그림과 같은 정사각형의 떡을 9개의 정사각형으로 나누려고 한다. 칼질을 최소한 몇 번 하면 될까? 그 이유를 설명해보자. 단, 같은 곳을 두 번 잘라도 되지만 칼은 직선으로만 사용해야 한다.

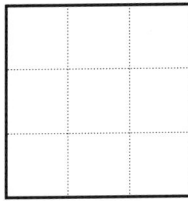

016 PUZZLE

다음 그림처럼 육각형이 연결된 형태의 초콜릿을 5명에게 나누어주려고 한다. 그때 초콜릿을 조각 1이나 조각 2 중 하나의 모양으로 잘라서 나눌 수 있을까? 단, 조각 1과 조각 2는 회전해도 좋고, 모든 초콜릿을 둘 중 하나의 모양으로만 잘라도 된다.

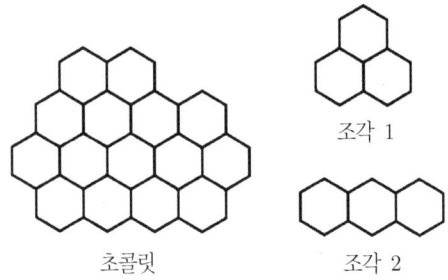

초콜릿   조각 1

조각 2

017 PUZZLE

다음 그림과 같은 도형을 4조각으로 나누어 재배열했을 때 정사각형이 되도록 만들어보자.

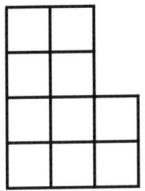

ANSWER p.206

018 PUZZLE

다음 그림은 13개의 작은 정사각형으로 이루어진 도형이다. 이 도형을 크기와 형태가 같은 4개의 부분으로 나눈 후에 다시 짜맞추어서 정사각형을 만들어보자.

019 PUZZLE

다음 그림과 같은 6×6 정사각형을 X와 Y를 각각 하나씩 포함하고 크기와 형태가 같은 4개 부분으로 나누어보자.

Y					
		X	X		
		X	X		
		Y	Y	Y	

ANSWER p.207

8×8 정사각형을 1, 2, 3, 4를 하나씩 포함하고 크기와 모양이 같도록 4등분해보자.

			2			1	1
	1		2				
	1			4	4		
	3	3			3	3	
		4	4				
	2	2					

021 PUZZLE

꽃잎이 11개인 꽃과 12개인 꽃이 한 송이씩 있다. 두 사람이 차례로 한 개 또는 두 개의 꽃잎을 떼어낸다고 하자. 떼어낼 꽃잎이 없는 사람이 진다고 하면 둘 중 누가 이길까?

022 PUZZLE

다음 그림과 같이 1×20 크기의 띠의 양끝에 바둑돌이 놓여 있다. 두 사람이 차례로 서로 다른 바둑돌을 1칸 또는 2칸씩 이동시키는데, 흰색 바둑돌은 오른쪽으로만, 검은색 바둑돌은 왼쪽으로만 이동시킬 수 있고 다른 바둑돌을 뛰어넘어 이동시킬 수는 없다고 하자. 바둑돌을 움직일 수 없는 사람이 지는 것이라면 둘 중 누가 이길까?

023 PUZZLE

다음 그림과 같이 여덟 개의 정사각형으로 이루어진 판에 세 개의 동전이 놓여 있다.

게임의 규칙은 한 개의 동전을 왼쪽으로 한 칸씩 옮기는 것이다. 각각의 동전은 다른 동전의 위 또는 아래에 겹칠 수 있다. 목표는 모든 동전을 가장 왼쪽 끝으로 옮기는 것이다. 두 사람이 이 게임을 할 때 마지막으로 동전을 옮기는 사람이 이긴다고 한다면, 둘 중 누가 이길까?

024 PUZZLE

다음과 같이 21개의 바둑돌이 있다. 두 사람이 교대로 1, 2 또는 3개씩 가져갈 수 있다. 마지막 바둑돌을 가져가는 사람이 지는 게임이라면 두 사람 중 나중에 가져가는 사람이 이기기 위한 전략은 무엇일까?

025 PUZZLE

삼각형 DEF의 넓이는 정삼각형 ABC의 넓이의 몇 분의 1일까? 또, 삼각형 DEF의 넓이와 사다리꼴 BEFC의 넓이 중에 어느 것이 더 클까?

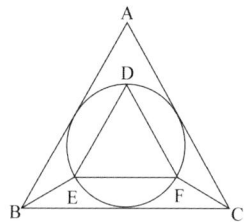

MATH PUZZLE MEDIUM

026 PUZZLE

[그림 1]과 [그림 2]는 각각 5개의 정사각형으로 이루어져 있다. [그림 1]은 3조각으로 나누고 [그림 2]는 4조각으로 나눈 후에 이 7조각을 재배치하여 하나의 정사각형을 만들어보자.

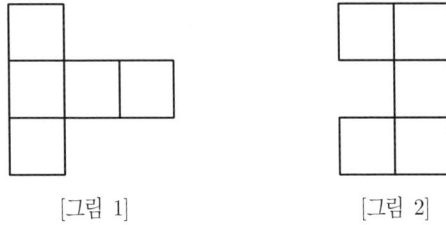

[그림 1]　　　　　　　　[그림 2]

027 PUZZLE

한 변의 길이가 20cm인 정사각형 ABCD가 있다. 위의 그림과 같이 4개의 원의 1/4 영역이 정사각형의 중심에서 만난다. 회색 부분의 넓이를 구해보자.

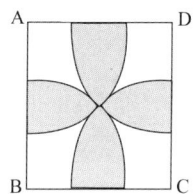

028 PUZZLE

원의 반지름이 5cm라고 하자. 다음 그림의 회색 부분의 넓이를 구해보자.

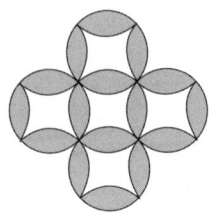

029 PUZZLE

다음 그림처럼 반지름이 10cm인 두루마리 휴지를 끈으로 단단히 묶었다. 그렇다면 이 끈의 길이는 몇 cm일까?

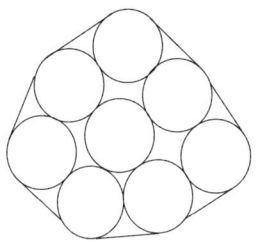

MATH PUZZLE **MEDIUM**

 PUZZLE

다음 그림의 두루마리 휴지를 끝까지 풀었을 때의 길이를 구해보자.

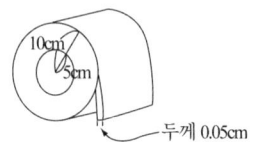

031 PUZZLE

다음 그림과 같은 땅의 넓이를 구해보자.

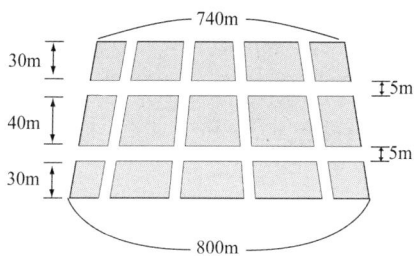

MATH PUZZLE MEDIUM

032 PUZZLE

그림과 같이 삼각형 ABC는 보통 삼각형이고 삼각형의 넓이는 132cm²이다. 각 A의 반대편에 있는 변을 4등분하고 ∠C의 반대편에 있는 변을 3등분했다. 점 A에서 선분 BC의 4등분한 각 점에 직선을 긋고 점 B에서 선분 AB의 3등분한 각 점에 직선을 그었다. 사변형 DBEF의 넓이를 구해보자.

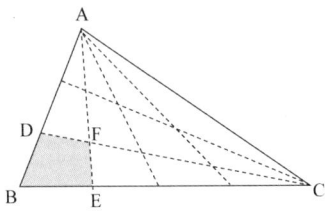

033 PUZZLE

숫자 5 다섯 개와 연산기호를 사용하여 100을 만드는 방법을 세 가지 이상 찾아보자.

MATH PUZZLE MEDIUM

 PUZZLE

숫자 6 여섯 개와 연산기호를 사용하여 37을 만들어보자.

035 PUZZLE

숫자 9 여섯 개와 연산기호를 사용하여 100을 만들어보자.

 PUZZLE

8과 8 사이에 있는 빈칸에 두 자리 숫자를 채워 만들어진 네 자리 숫자는 그 빈칸에 채워진 숫자로 나누어떨어진다.

$$8\;\boxed{4}\;\boxed{4}\;8 \div \boxed{}$$
$$8448 \div 44 = 192$$

빈칸에 홀수를 채워 나누어떨어지게 만들어보자. 단, 두 숫자가 같을 필요는 없다.

037 PUZZLE

빈칸에 1부터 9까지의 숫자를 한 번씩만 사용하여 식을 완성해보자.

$$\boxed{} \times \boxed{} = \boxed{} \times \boxed{} = \boxed{5568}$$

PUZZLE

5부터 시작하여 3을 뺀 수와 그 수에서 5를 더한 수를 계속하여 쓰면 다음과 같다.

$$5 \to 2 \to 7 \to 4 \to 9 \to \cdots$$

이와 같은 방법으로 4부터 시작하여 △를 빼고 ○를 더한 수를 계속하여 쓰면 다음과 같다고 할 때 ★에 들어갈 수를 구해보자.

$$4 \to \square \to \square \to \square \to \square \to 16 \to ★ \to \cdots$$

039 PUZZLE

다음 숫자들은 어떤 규칙에 의해 배열되어 있다. □에 들어갈 숫자는 무엇일까?

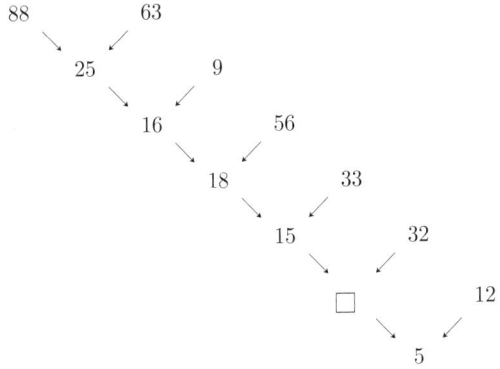

040 PUZZLE

6행에 올 수는 무엇일까?

```
                1
             1  1  1
          1  2  3  2  1
       1  3  6  7  6  3  1
    1  4 10 16 19 16 10  4  1
                ?
```

ANSWER p.221

041 PUZZLE

1부터 9까지 숫자가 적혀 있는 9장의 카드를 1과 2 사이에 있는 모든 수의 합이 9, 2와 3 사이에 있는 모든 수의 합이 18, 3과 4 사이에 있는 모든 수의 합이 27, 4와 5 사이에 있는 모든 수의 합이 36이 되도록 카드를 배열해보자.

042 PUZZLE

주어진 두 개의 낱말 중 한 낱말을 선택한 뒤 선택한 낱말에서 한 글자만 변화시켜 두 번째 단어를 만들고, 두 번째 단어에서 다시 한 글자만 변화시켜 또 다른 단어를 만드는 과정을 계속 반복하여 처음 주어진 나머지 하나의 낱말을 만드는 문제이다. 다음은 '사랑'이라는 단어에서 두 단계를 거쳐 '이별'이라는 단어를 만드는 하나의 예이다.

이와 같은 방법을 사용하여 '요리사'라는 단어에서 네 단계를 거쳐 '대리점'이라는 단어를 만들어보자.

043 PUZZLE

다음 그림에서 가로에 적혀 있는 숫자는 빈칸의 가로에 들어갈 수의 합이고 세로에 적혀 있는 숫자는 빈칸의 세로에 들어갈 수의 합이다. 1부터 9까지의 숫자를 사용하여 다음 빈칸을 모두 채워보자.

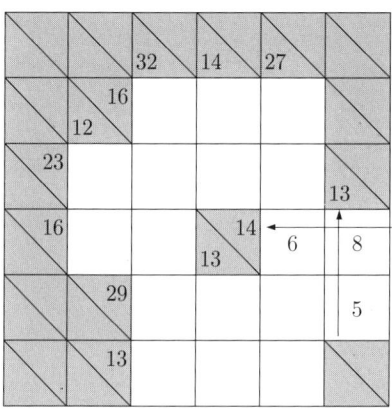

044 PUZZLE

다음 그림에서 가로에 적혀 있는 숫자는 빈칸의 가로에 들어갈 수의 곱이고 세로에 적혀 있는 숫자는 빈칸의 세로에 들어갈 수의 곱이다. 다음 빈칸을 모두 채워보자.

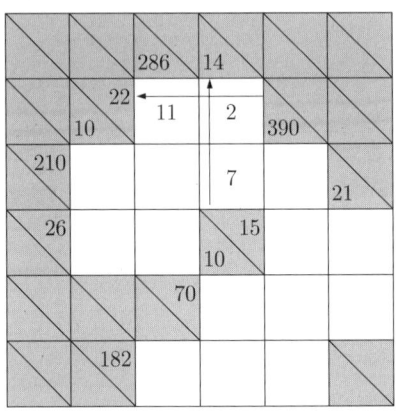

045 PUZZLE

다음 게임의 규칙은 가로축과 세로축에 나열된 숫자만큼 네모 칸을 연속으로 칠하되, 숫자 사이에는 하나 이상의 빈칸을 두어야 한다는 것이다.

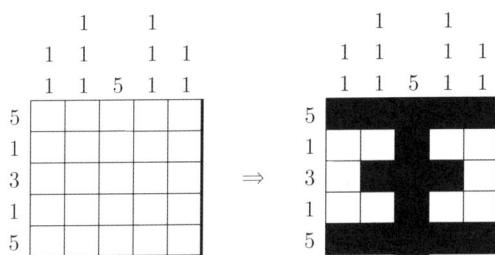

위의 예를 참고하여 아래에 숨겨진 글자를 찾아보자.

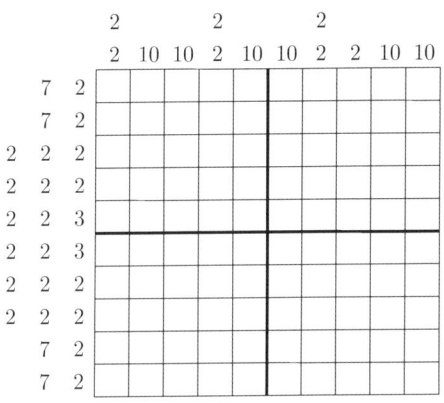

MATH PUZZLE MEDIUM

046 PUZZLE

앞의 문제와 같은 방식으로 아래에 숨겨진 그림을 찾아보자.

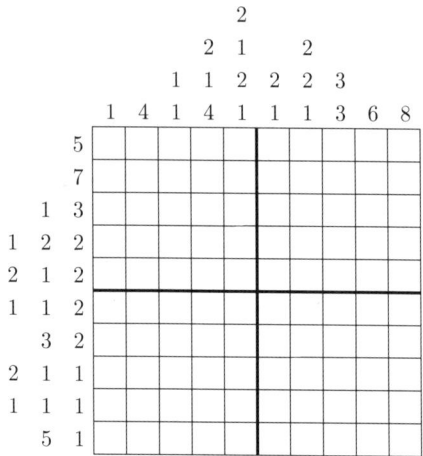

047 PUZZLE

$$\begin{array}{r} 이십육 \\ +십육 \\ \hline 사십이 \end{array}$$

위의 식에서 각각의 서로 다른 문자는 서로 다른 숫자를 의미하고 있다. 위 식을 만족하는 문자에 해당하는 숫자를 구해보자.

MATH PUZZLE MEDIUM

 PUZZLE

$$
\begin{array}{r} N\,I\,N\,E \\ -\ \ T\,E\,N \\ \hline T\,W\,O \end{array}
\qquad
\begin{array}{r} N\,I\,N\,E \\ -\ \ O\,N\,E \\ \hline A\,L\,L \end{array}
$$

(1)   (2)

위의 두 식의 알파벳은 각각 서로 다른 숫자를 나타내고 왼쪽과 오른쪽의 식에서 같은 문자는 같은 숫자를 나타내고 있다. 위의 식에서 단어의 의미에는 신경 쓰지 말고 두 식이 성립하는 알파벳에 해당하는 숫자를 구해보자.

 PUZZLE

```
        A B C
    ×   B A C
    ─────────
      □ □ □ □
      □ □ A
  □ □ □ B
  ─────────────
  □ □ □ □ □ □
```

위의 식에서 A, B, C는 서로 다른 숫자이다. A, B, C에 해당하는 숫자를 구해보자.

MATH PUZZLE MEDIUM

PUZZLE

```
           □ □
  7 □ □ ) 8 □ □ □
          □ □ 3
          □ □ □ □
          □ □ 6 □
                0
```

위의 나눗셈 식이 가능해지도록 빈칸에 적당한 수를 채워보자.

051 PUZZLE

모양과 크기가 같은 골프공 12개 중에서 무게가 다른 골프공이 하나 있다. 그 공은 규격품보다 더 무겁거나 또는 더 가볍다. 접시저울을 단 세 번만 사용해서 규격품이 아닌 공을 찾아내고 그 공이 규격품보다 가벼운지 무거운지 판단해보자.

052 PUZZLE

다음과 같은 9개의 네모 칸에 −1, 0, 1 세 수 중 하나씩을 넣어 모든 칸을 채우려고 한다. −1, 0, 1로 채워진 각 행, 열과 대각선을 따라 칸 안에 있는 모든 수를 더했을 때 더한 수 중에는 반드시 같은 두 수가 존재함을 설명해보자. 다음은 이 문제에 대한 하나의 예이다.

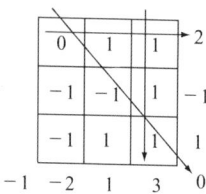

053 PUZZLE

수학경시대회에 10명의 학생이 참가하여 푼 문제를 합하면 총 35문제라고 한다. 모든 학생들은 적어도 한 문제 이상을 풀었다. 한 문제만 푼 학생이 적어도 한 명 존재하고, 두 문제를 푼 학생이 적어도 한 명 존재하고, 세 문제를 푼 학생이 적어도 한 명 존재한다고 할 때, 다섯 문제를 푼 학생이 적어도 한 명 존재함을 설명해보자.

054 PUZZLE

20보다 작거나 같은 11개의 서로 다른 자연수 중에 두 숫자를 골랐을 때 하나의 수가 다른 하나의 수로 나누어떨어질 수 있음을 증명해보자.

Hint '만약 비둘기 일곱 마리가 여섯 개의 집에 들어 있다면 비둘기가 두 마리 또는 그 이상 들어 있는 집이 적어도 하나는 있다.'는 비둘기 집 원리를 활용해보자.

055 PUZZLE

1에서 200까지의 정수 중에서 101개를 뽑으면 그중에는 하나가 다른 하나로 나누어떨어지는 두 수가 있음을 설명해보자.

MATH PUZZLE MEDIUM

 PUZZLE

아홉 자리 자연수 중 각 자리에 있는 숫자를 모두 더했을 때 짝수가 되는 수는 모두 몇 개일까?

057 PUZZLE

다음 그림에서 집에서 은행까지 가는 길은 모두 몇 가지일까? (단, 가야 할 길이 외길인 경우에만 거슬러 올라갈 수 있고, 갔던 길을 다시 되돌아갈 수는 없다.)

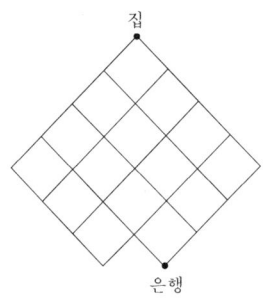

MATH PUZZLE MEDIUM

 PUZZLE

다음은 어느 도시의 도로망이다. P 지점과 Q 지점은 도로 보수 공사로 인해 통행이 금지되었다고 할 때 A 지점에서 B 지점으로 가는 최단 경로의 수를 구해보자.

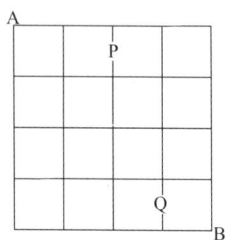

059 PUZZLE

다음 그림을 종이에서 펜을 떼지 않고 한 번에 그릴 수 있을까? 단, 한 번 지나간 길은 다시 지나갈 수 없고 모든 길은 반드시 한 번씩 통과해야 한다.

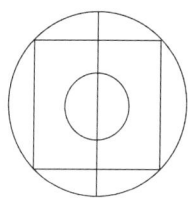

MATH PUZZLE **MEDIUM**

 PUZZLE

다음 그림은 어떤 건물의 건축도면이다. 모든 벽에는 반드시 문이 하나씩 있다고 한다(사각형 안의 숫자는 문의 개수이다). 모든 문을 한 번씩 지나갈 수 있는 방법을 그려보자. (단, 한 번 사용한 문은 다시 사용할 수 없다.)

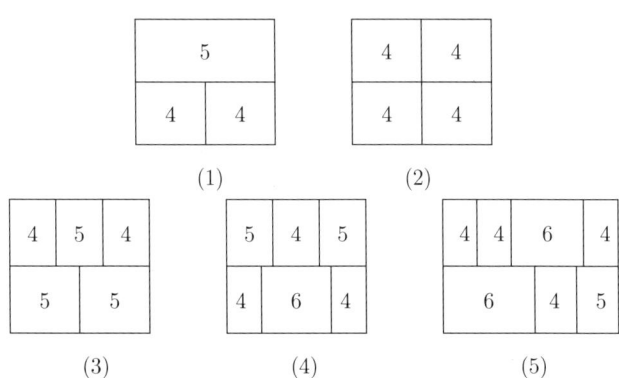

EASY
MEDIUM
HARD

MATH PUZZLE

MATH PUZZLE

001 PUZZLE

위의 12가지 퍼즐을 이용하여 다음의 도형을 덮어보자.

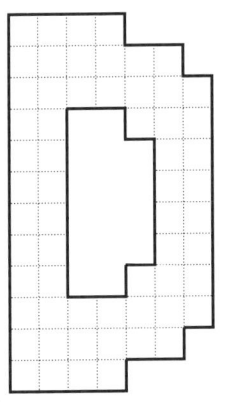

MATH PUZZLE HARD

 PUZZLE

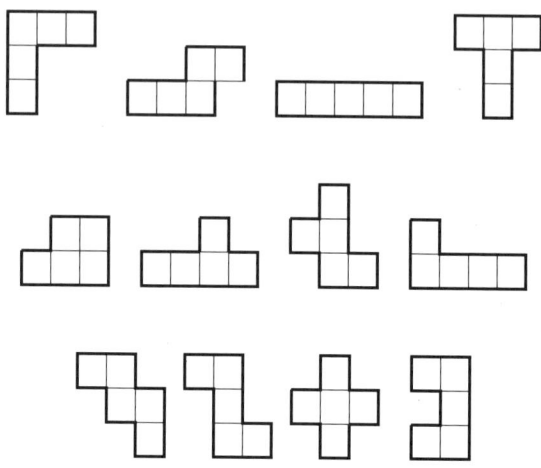

위의 12가지 퍼즐을 이용하여 다음의 도형을 덮어보자.

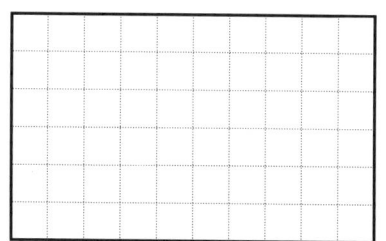

003 PUZZLE

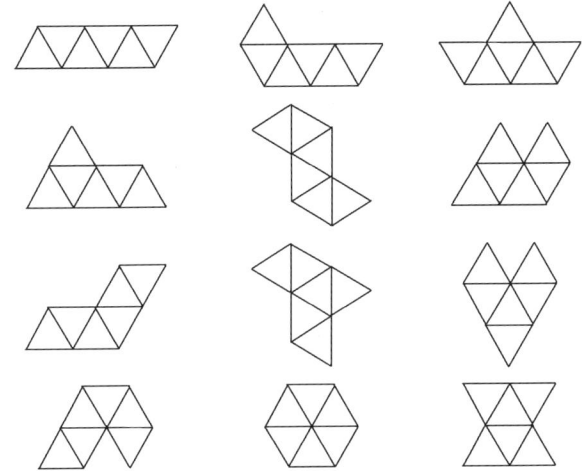

위의 12가지 퍼즐을 이용하여 다음의 도형을 덮어보자.

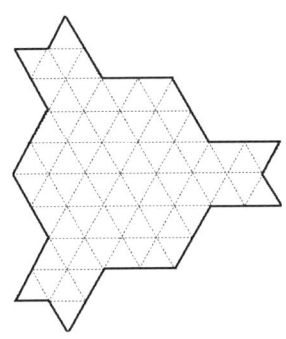

MATH PUZZLE HARD

004 PUZZLE

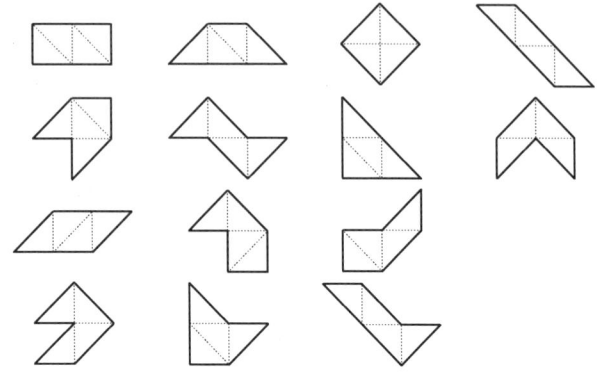

위의 14가지 퍼즐을 이용하여 다음의 도형을 덮어보자.

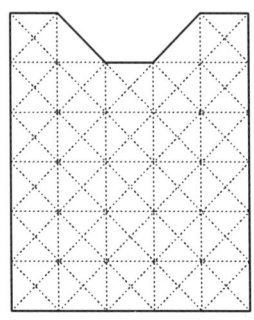

ANSWER p.235

005 PUZZLE

10개의 성냥개비를 이용하여 답이 6인 식을 다음과 같이 만들 수 있다.

$$III - \frac{I}{I} II - \frac{I}{I} I = 6$$

이렇게 성냥개비 10개를 이용하여 한 번에 하나의 성냥개비만 움직여서 답이 0, 1, 2, 3인 식을 만들어보자.

10개의 성냥개비를 이용하여 답이 4인 식을 다음과 같이 만들 수 있다.

이렇게 성냥개비 10개를 이용하여 한 번에 하나의 성냥개비만 움직여서 답이 5, 6, 7, 8인 식을 만들어보자.

007 PUZZLE

다음 그림과 같이 흰 바둑돌 6개와 검은 바둑돌 6개가 나란히 붙어 있다. 인접해 있는 바둑돌 2개는 한 번에 움직일 수가 있고 가로 또는 세로로 놓을 수 있다. 단 6번만 움직여서 흰 바둑돌과 검은 바둑돌을 교대로 배열해보자.

008 PUZZLE

다음 그림과 같이 7개의 칸에 6개의 바둑돌이 들어 있다. 한 번에 하나의 바둑돌만을 이동시킬 수 있는데 오직 한 칸씩만 이동할 수 있고, 하나의 바둑돌을 뛰어넘어 빈칸으로 이동할 수도 있다. 오른쪽에 있는 세 개의 검은 바둑돌을 왼쪽으로, 왼쪽에 있는 흰 바둑돌을 오른쪽으로 이동시켜보자.

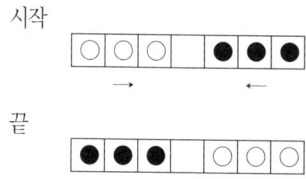

009 PUZZLE

1부터 10까지 적힌 숫자 카드가 10장 있다. 이 카드를 쌓은 후, 제일 위의 카드를 제일 아래에 넣었을 때 제일 위의 카드가 1이 되고, 1인 카드를 뺀 후에 제일 위의 카드를 제일 아래에 넣었을 때 제일 위의 카드가 2가 되고, 이 행동을 반복했을 때 마지막에 남는 카드가 10이 되도록 숫자 카드 10장을 쌓아보자.

MATH PUZZLE HARD

010 PUZZLE

[그림 1]과 같이 평평한 바닥에 8개의 동전이 놓여 있다. 각각의 동전은 다른 동전을 건드리지 않으면서 이동하고, 이동한 동전의 새로운 위치는 항상 두 개의 동전과 맞붙어 있어야 한다. 그리고 동전은 항상 바닥에 붙어 있어야 한다. 이와 같은 방법으로 7개의 동전을 이동시켜 [그림 2]의 형태로 만들어보자.

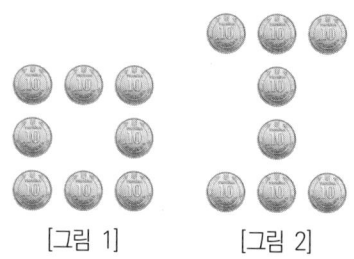

[그림 1]　　　　[그림 2]

011 PUZZLE

23개의 고리로 연결된 사슬이 있다. 이 사슬의 고리를 끊어서 고리 1개짜리 사슬부터 고리 23개짜리 사슬까지 총 23종류의 사슬을 만들어보자. (고리 1개도 1개짜리 '사슬'이라 생각하자.) 최소한 몇 개의 고리를 끊어야 할까? 단, 다음 그림과 같이 한 번 끊은 고리는 다른 고리에 걸었다 뺐다 할 수 있다.

012 PUZZLE

다음 그림과 같이 대칭하는 그리스 십자가가 있다. 이것을 5조각으로 나누어서 이 중 한 조각으로는 대칭하는 작은 그리스 십자가를 만들고, 나머지 4조각은 짜맞추어서 정사각형으로 만들어보자.

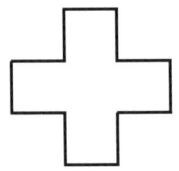

013 PUZZLE

다음 도형을 3조각으로 나눈 뒤 재배열하여 정사각형을 만들어보자.

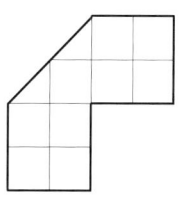

MATH PUZZLE **HARD**

 PUZZLE

다음과 같은 모양의 종이를 4개 부분으로 오려 29단위의 새로운 정사각형을 만들어보자. 단, 종이를 오릴 때 가는 실선이나 굵은 실선을 따라 오릴 필요는 없다.

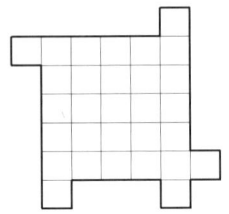

015 PUZZLE

다음 그림과 같은 6×6 정사각형을 A, B, C를 각각 하나씩 포함하고 모양이 같은 4개 부분으로 나누어보자.

		A	A	A	
		B	B	C	C
	A		B		
				B	
C	C				

ANSWER p.243

MATH PUZZLE **HARD**

016 PUZZLE

다음 그림과 같이 문자 a, b, c, d와 A, B, C, D가 들어 있는 6×6 정사각형이 2개 있다. 두 정사각형을 모양과 크기가 같게 2등분하는데 각 부분에 a, b, c, d 또는 A, B, C, D를 반드시 포함하게 만들어보자.

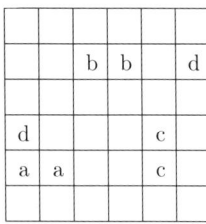
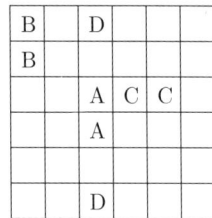

017 PUZZLE

두 묶음의 사탕이 각각 20개와 21개로 이루어져 있다. 두 사람이 차례로 한 묶음에서 사탕을 먹고 다른 묶음의 사탕은 두 개의 묶음으로 나눈다고 하자.(단, 두 묶음으로 나눌 때 사탕 개수가 같을 필요는 없다.) 이때, 두 묶음으로 나눌 수 없는 사람이 게임에 진다고 하면 둘 중 누가 이길까?

MATH PUZZLE **HARD**

018 PUZZLE

칠판에 숫자 60이 쓰여 있다. 첫 번째 사람이 60에서 그것의 약수 중에서 하나를 뺀 수를 칠판에 적고, 두 번째 사람은 첫 번째 사람이 적어놓은 숫자를 가지고 첫 번째 사람이 했던 것을 반복한다. 두 사람이 이 과정을 반복할 때 숫자 0을 쓰는 사람이 진다고 하면 둘 중 누가 이길까?

019 PUZZLE

두 사람이 2부터 시작하여 차례로 숫자를 더하는 게임을 한다. 단 숫자를 더할 때는 이전에 나온 수보다 작은 수를 더하기로 하고 먼저 1000에 이르는 사람이 이긴다고 할 때, 둘 중 누가 이길까?

020 PUZZLE

다음의 왼쪽 그림과 같이 한 변의 길이가 1인 작은 정사각형 5개로 이루어진 십자 모양의 도형을 적당히 잘라서 오른쪽 그림과 같이 큰 정사각형으로 만들어보자.

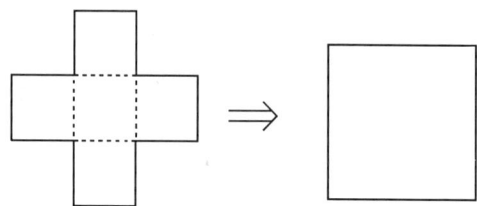

021 PUZZLE

[그림 1]은 8개의 정사각형으로 이루어져 있고 [그림 2]는 5개의 정사각형으로 이루어져 있다. [그림 1]은 세 조각으로 나누고 [그림 2]을 두 조각으로 나눈 뒤 이 다섯 조각을 이용하여 새로운 정사각형을 만들어보자.

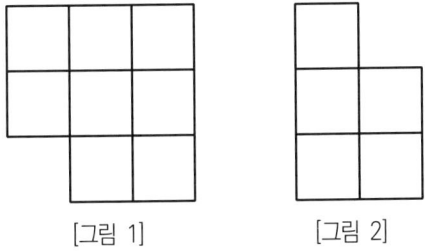

[그림 1]   [그림 2]

ANSWER p.250

022 PUZZLE

한 변의 길이가 10cm인 정삼각형이 있다. 그 안에 있는 임의의 점 P를 지나고 각 변에 평행인 직선을 각각 세 개 그은 후, 꼭지점 A와 가까운 부분에 이들 직선과 평행인 직선을 일정하게(1cm) 그어 보아라. 이때 회색 부분의 넓이는 얼마일까?

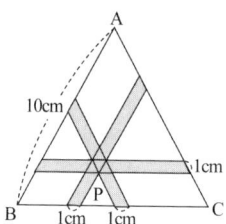

023 PUZZLE

다음 식이 성립하도록 빈칸에 0부터 9까지의 숫자를 배열해보자. 가능한 한 많은 답을 찾아보자.

$$\frac{1}{2}+\frac{1}{2}=1, \quad \frac{\square\square}{\square\square}+\frac{\square\square\square}{\square\square\square}=1$$

MATH PUZZLE HARD

 PUZZLE

다음의 숫자 배열에서 두 자리 수 '가'와 '나'를 구해보자.

$$72 \quad \rightarrow \quad 53 \quad \rightarrow \quad 34 \quad \rightarrow \quad 25 \quad \rightarrow \quad 가 \quad \rightarrow \quad 나$$

025 PUZZLE

1부터 9까지의 수를 한 번씩만 써서 어떤 수를 만들려고 한다. 5와 7 사이에 있는 모든 수의 합은 31, 2와 8 사이에 있는 네 수의 합은 20, 4와 9 사이의 수의 합은 8이고 4와 6 사이에는 적어도 하나의 수가 존재해야만 한다고 할 때, 위의 조건을 모두 만족하는 적당한 수를 구해보자.

PUZZLE

$$\begin{array}{r} SAVE \\ + MORE \\ \hline MONEY \end{array}$$

위의 식에서 각각의 알파벳은 서로 다른 숫자를 나타내고 있다. 알파벳에 해당하는 숫자를 구해보자.

027 PUZZLE

$$\begin{array}{r} ABCD \\ \times \quad 7 \\ \hline EDCBA \end{array}$$

위와 같이 네 자리 숫자 ABCD에 7을 곱했더니 네 자리 숫자의 역순 앞에 E라는 숫자가 첨가되었다. 네 자리 숫자 ABCD는 무엇일까? 단, 여기서 A, B, C, D, E는 서로 다른 한 자리 숫자이다.

PUZZLE

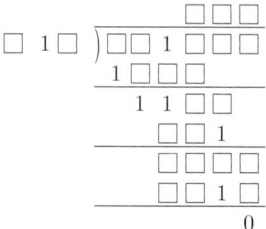

위의 나눗셈 식이 성립하도록 빈칸에 적당한 숫자를 채워보자. 위 식의 빈칸에도 1이 들어갈 수 있다.

029 PUZZLE

어떤 모임에서 회원들이 투표하여 후보자 10명 가운데서 그 모임의 임원을 뽑는데 모든 회원은 각자 2명의 후보자에게만 투표할 수 있다고 한다. 2명 이상의 회원이 같은 두 후보자에게 투표하는 것이 가능하려면 적어도 몇 명의 회원이 있어야 할까?

Hint '만약 비둘기 일곱 마리가 여섯 개의 집에 들어 있다면 비둘기가 두 마리 또는 그 이상 들어 있는 집이 적어도 하나는 있다.'는 비둘기 집 원리를 활용해보자.

MATH PUZZLE **HARD**

030 PUZZLE

다음과 같이 원형 테이블 위에 1에서 10까지의 수가 무작위로 배열되어 있다. 이때 이웃한 세 수의 합이 적어도 17이 되는 것이 있음을 설명해보자.

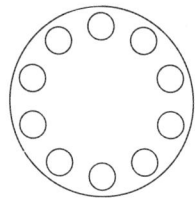

031 PUZZLE

52개의 정수 중 이 수들을 제곱해서 두 수의 차가 100으로 나누어 떨어지는 두 수가 반드시 존재함을 설명해보자.

032 PUZZLE

1부터 6까지 번호가 붙은 상자가 있다. 모양이 똑같은 20개의 공을 이 상자들 안에 넣는 방법은 모두 몇 가지가 존재할까? 단, 각각의 상자 안에 적어도 공 한 개씩은 넣어야 한다.

033 PUZZLE

1부터 6까지 번호가 붙어 있는 상자가 있다. 똑같은 모양을 가지고 있는 20개의 공을 이 상자들 안에 넣는 방법은 모두 몇 가지일까? 단, 6개의 상자 중 빈 상자(공을 넣지 않은 상자)가 있어도 된다.

MATH PUZZLE **HARD**

034 PUZZLE

m개의 행과 n개의 열을 가지고 있는 $m \times n$개의 사각형이 있다. $m \times n$개의 사각형 내의 p행과 q열이 교차 지점에 있는 네모 칸에 표시를 한다. 표시된 네모 칸을 포함하여 만들 수 있는 사각형은 모두 몇 개가 존재할까?

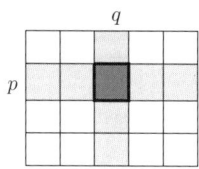

035 PUZZLE

다음 그림에서 대각선 아래로만 내려간다는 규칙을 지키면서 '재미있는 수학퍼즐'이라는 단어를 만들 수 있는 경우의 수를 구해보자.

```
            재
         미     미
      있     있     있
   는     는     는     는
      수     수     수
   학     학     학     학
      퍼     퍼     퍼
         즐     즐
```

ANSWER p.261

MATH PUZZLE **HARD**

036 PUZZLE

다음 그림에서 '다들잠들다'라는 문자를 읽을 수 있는 방법은 몇 가지일까? 단, 이웃해 있는 문자를 읽기만 하면 오른쪽으로 가든 왼쪽으로 가든, 위로 가든 아래로 가든, 지나간 곳을 되돌아가든 상관없다.

다	들	잠	들	다
들	잠	들	잠	들
잠	들	다	들	잠
들	잠	들	잠	들
다	들	잠	들	다

037 PUZZLE

(1) p가 3보다 큰 소수라고 할 때 p^2-1은 24에 의해 나누어 떨어짐을 증명해보자.

(2) p와 q가 3보다 큰 소수라고 할 때 $p^2 - q^2$은 24에 의해 나누어 떨어짐을 증명해보자.

038 PUZZLE

임의의 자연수 n에 대하여 $2^{3^n}+1$은 3^{n+1}으로 나누어떨어짐을 설명해보자.

039 PUZZLE

다음 [그림 1]과 같이 3×3 체스보드에 몇 개의 나이트가 놓여 있다. 나이트는 상하좌우로 한 칸 이동한 후 그 칸에서 대각선 방향으로 전진할 수 있다. [그림 2]와 같은 위치로 이동시킬 수 있을까?

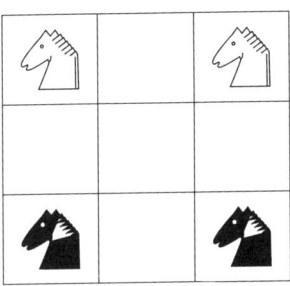

[그림 1]　　　　　　　　[그림 2]

ANSWER p.265

040 PUZZLE

다음 그림과 같이 네 귀퉁이가 모두 제거된 4×4 체스보드 위의 어느 한 곳에서 나이트가 출발해서 모든 정사각형을 정확히 한 번씩만 지나서 처음 출발했던 곳으로 되돌아 올 수 있을까? 단 나이트는 상하좌우로 한 칸씩, 대각선 방향으로만 전진할 수 있다.

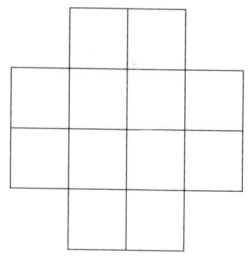

041 PUZZLE

다음은 어떤 건물의 평면도이다. 모든 방을 반드시 1번씩 지나 밖으로 나오는 일이 가능할까? 만약에 불가능하다면 그 이유를 설명해보자. 단, 같은 방을 2번 들어가서는 안 된다.

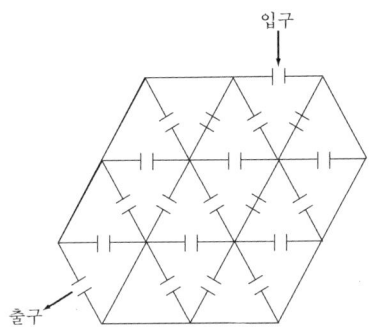

ANSWER

MATH PUZZLE

ANSWER MATH PUZZLE EASY

여러 개의 해가 존재하나 다음은 그중 2가지 경우이다.

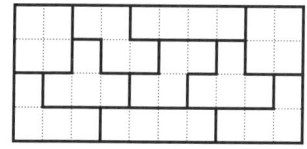
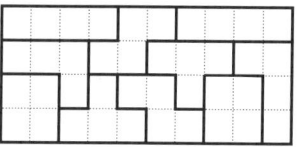

MATH PUZZLE **ANSWER**

		2	4	1	3	5	4	1	5	2	3
	1	5	3	5	2	5	5	2	3	1	
3	2	4	2	3	4	3	4	1	4		
1	4	5	4	1	5	1	2	5	2		
2	5	1	2	5	4	2	3	3	1		
4	3	2	5	3	4	3	1	1	4		

	5	2	1	3	4	5	2	4	3	
3	4	2	■	3	■	1	■	1	5	1
2	■	1	4	5	2	4	5	3	■	2
5	1	3	■	1	■	3	■	2	5	1
4	■	4	2	5	4	5	1	4	■	4
1	2	5	■	3	■	2	■	4	2	3
	3	1	2	4	3	5	1	3	5	

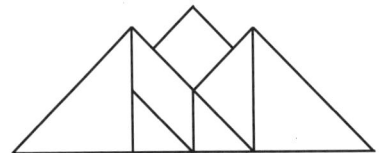

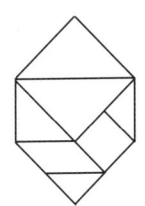

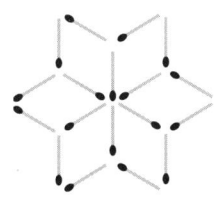

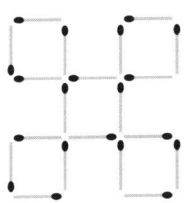

MATH PUZZLE ANSWER

이 문제의 풀이 방법은 다음의 두 가지이다.

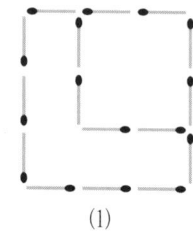
(1)

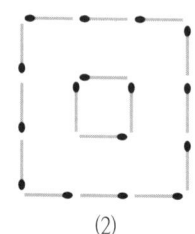
(2)

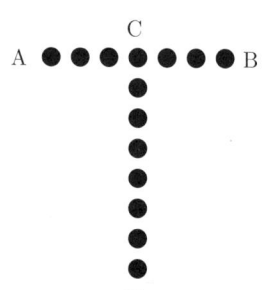

다음 순서대로 차례로 이동시키면 된다.

①을 왼쪽으로 이동 → ②를 위쪽으로 이동 → ③을 오른쪽으로 이동 → ④를 오른쪽으로 이동 → ⑤를 아래쪽으로 이동 → ①을 왼쪽으로 이동 → ④를 위쪽으로 이동 → ③을 왼쪽으로 이동 → ②를 아래쪽으로 이동 → ④를 오른쪽으로 이동 → ①을 오른쪽으로 이동 → ⑤를 위쪽으로 이동

→ ③을 왼쪽으로 이동 → ①을 아래쪽으로 이동 → ④를 왼쪽으로 이동 → ②를 위쪽으로 이동 → ①을 오른쪽으로 이동

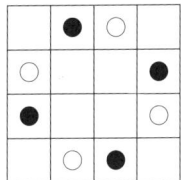

위의 바둑돌 2개가 같은 색이면 아래 바둑돌 색깔은 검은색이고, 위의 바둑돌 2개가 다른 색이면 아래 바둑돌의 색깔은 흰색이다. 따라서 바둑돌의 배열은 다음과 같다.

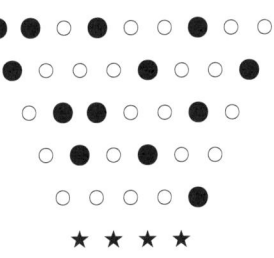

MATH PUZZLE ANSWER

(1) 다음 그림과 같이 한 모서리의 길이가 2m인 정육면체를 만들면(각각의 끝에서 1m의 위치에서) 속에 남아 있는 정육면체는 모서리의 길이가 각각 2m이고 이 정육면체는 모든 면에 색이 칠해져 있지 않다. 따라서 길이가 1인 정육면체는 $2 \times 2 \times 2 = 8$개가 된다. 빨간색을 포함하지 않은 정육면체는 8개뿐이다.

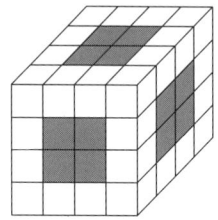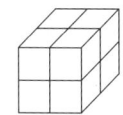

(2) 각각의 면에 대해, 가운데에 있는 4개의 정육면체는 한 면만 빨간색이다. 정육면체는 6개의 면으로 구성되어 있으므로 $4 \times 6 = 24$개의 정육면체가 한 면이 빨간색이다.

(3) 정육면체의 꼭짓점만 3면이 빨간색이고 8개의 꼭짓점이 있으므로 3면이 빨간색인 작은 정육면체는 8개가 존재한다.

각각의 사슬에서 1개의 고리를 끊는 대신 1개의 사슬에서 3개의 고리를 끊으면 된다.

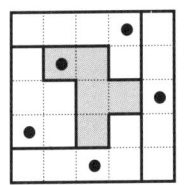

 정사각형의 넓이는 직사각형의 넓이와 같으므로 $16 \times 9 = 144 = 12 \times 12$이므로 한 변의 길이가 12가 되려면 긴 변의 길이가 4가 되게 수직으로 잘라야 한다.

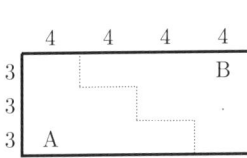 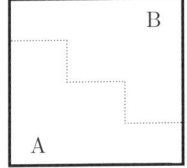

 첫 번째 사람이 두 점을 선택하여 선분을 연결할 때, 남은 점들이 9개의 두 묶음이 되도록 연결하면, 대칭성에 의하여 첫 번째 사람은 반드시 선분을 그릴 수 있게 된다. 따라서 첫 번째 사람이 이긴다.

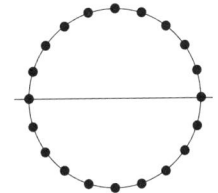

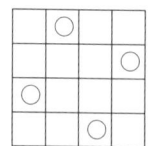

각 변의 각에 모두 같은 간격으로 말뚝을 박기 위해서는 각 변의 길이인 8, 12, 20의 약수로 그 간격을 정해야 한다. 즉, 최소한의 개수의 말뚝을 박으려면 최대공약수를 이용하면 된다.

각 변의 길이의 최대공약수는 4이므로 4m 간격으로 말뚝을 박으려면 말뚝이 몇 개 필요한지 알아보면 된다.

방법 1. 기본적인 해법

실제로 4m 간격으로 말뚝을 박으면 다음 그림과 같으며, 말뚝의 개수를 세어보면 모두 60개이다.

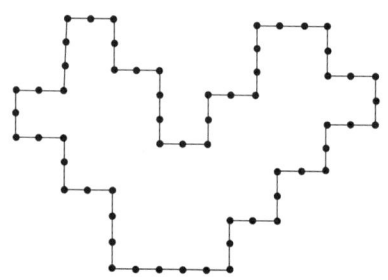

방법 2. 전체의 둘레의 길이를 4로 나눈다

둘레의 길이를 순서대로 모두 더하면

$$8 + 8 + 12 + 20 + \cdots = 240$$

따라서 말뚝의 개수는 240을 4로 나누면

$$240 \div 4 = 60$$

이므로 60개이다.

선분 BO의 길이는 8cm이다. 원의 반지름(선분 OC)은 $\sqrt{6^2+8^2} = 10$cm이다. 회색 부분의 넓이는 1/4 원의 넓이에서 직사각형의 넓이를 뺀 값이다.

$$10^2 \times 3.14/4 - 6 \times 8 = 30.5 (\text{cm}^2)$$

$\overline{BD} = \dfrac{1}{4}\overline{AB}$ 이므로 $\triangle BCD = \dfrac{1}{4} \triangle ABC$ 이고
$\triangle ADC = \dfrac{3}{4} \triangle ABC.$

$\overline{EC} = \dfrac{1}{3}\overline{AC}$ 이므로 $\triangle CDE = \dfrac{1}{3} \triangle ADC.$

따라서 $\triangle CDE = 40 \times \dfrac{3}{4} \times \dfrac{1}{3} = 10$

MATH PUZZLE ANSWER

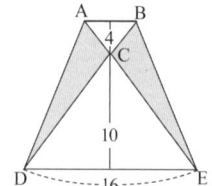

△ADE 의 높이 = 14(4+10)cm. △ADE의 넓이= 14 ×16 / 2 = 112cm².

△ACD의 넓이 = △ADE의 넓이 − △CDE의 넓이 = 112−10×16/2 = 32cm².

△BCE의 넓이 = △ACD의 넓이이므로 회색 부분의 전체 넓이는 32×2 = 64cm².

큰 원의 원주 길이는 2×3.14×20=125.6(cm)이다. 모든 작은 원의 반지름은 큰 원의 반지름과 같다. 따라서 합은 125.6×2=251.2(cm)이다.

$9 \times (2-2) \times 2 = 0$ $9 - 2 \times 2 \times 2 = 1$
$9 \times (2-2) + 2 = 2$ $9 - 2 \times 2 - 2 = 3$
$9 \div (2 \div 2 + 2) = 3$ $(9 - (2 \div 2)) \div 2 = 4$
$(9 + (2 \div 2)) \div 2 = 5$ $9 - 2 - (2 \div 2) = 6$
$(9-2) \times 2 \div 2 = 7$ $9 - 2 \times 2 \div 2 = 7$
$(9 \times 2 - 2) \div 2 = 8$ $9 + 2 \times (2-2) = 9$

$(9 \times 2 + 2) \div 2 = 10 \quad 9 + 2 \times 2 \div 2 = 11$
$(9 + 2) + 2 - 2 = 11 \quad 9 + 2 + 2 \div 2 = 12$

$(9-7) \div (3-1) = 1 \quad (9-1) \div (7-3) = 2$
$(9-7-1) \times 3 = 3 \quad (9 \times 3 + 1) \div 7 = 4$
$(9-7) \times 3 - 1 = 5 \quad (9-7) \times 3 \times 1 = 6$
$(9-7) \times 3 + 1 = 7 \quad (9-7) \times (3+1) = 8$
$9 \div 3 + 7 - 1 = 9 \quad (9 \div 3 + 7) \times 1 = 10$
$(9 \div 3 + 7) + 1 = 11 \quad 9 \times (-1) + 3 \times 7 = 12$
$(9 + 7 - 3) \times 1 = 13$

주어진 수열의 계차수열을 살펴보면 제1계 계차수열은 첫째항이 2이고 공차가 1인 등차수열임을 알 수 있다. 따라서 구하고자 하는 수는 21이다.

처음 수열   1, 3, 6, 10, 15, …
제1계 계차   2, 3, 4, 5, 6, …

뒤에 오는 수는 앞에 있는 수의 각 자리 수를 곱한 수와 같다. 즉, 7×7=49, 4×9=36, 3×6=18이므로 답은 1×8=8이다.

030
ANSWER

각 항은 모두 소수이므로 주어진 수열의 일곱 번째 항은 17이다.

계차수열을 살펴보면 제2계 계차수열이 피보나치 수열임을 알 수 있다. 따라서 구하고자 하는 수는 89이다.

처음 수열　2,　3,　5,　8,　13,　21,　34,　55, …
제1계 계차　　1,　2,　3,　5,　8,　13,　21, …
제2계 계차　　　1,　1,　2,　3,　5,　8, …

이 문제를 풀기 위해 먼저 두 개의 4를 기입한 뒤 4 사이에 네 칸을 비워놓자. 그리고 나서 두 개의 3의 위치를 결정하자. 4 사이에 두 개의 3을 기입할 수 없기 때문에 한 개의 3은 4의 바깥쪽에 기입해야만 한다. 이렇게 몇 가지 경우를 시행해 보면 답을 구할 수 있다.

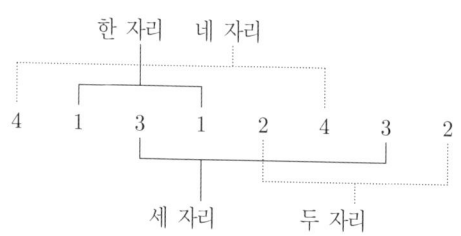

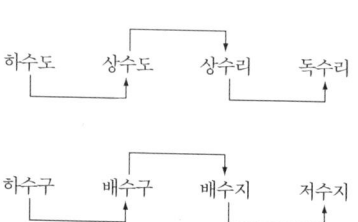

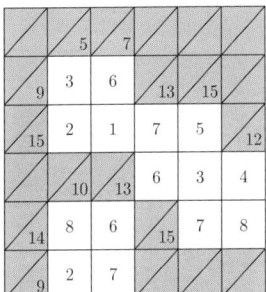

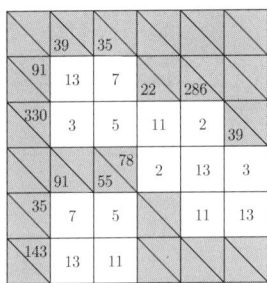

	1	3		7	4	9
	9			0		4
5	9		3	1		
5			0		4	9
1	8	3	0		0	
		3		3	4	3
	7	7	0	7		

185

MATH PUZZLE ANSWER

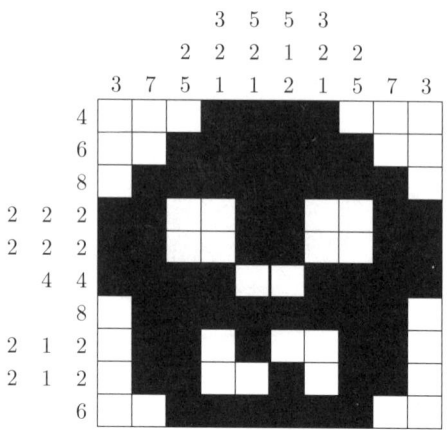

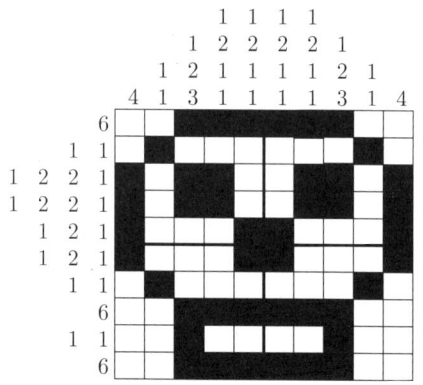

편의상 각각의 그림에 숫자를 대입하자. ○ = 1, ◎ = 2, ● = 3, ◇ = 4라 놓으면 문제는 다음과 같은 형태로 만들 수 있다.

1		2	
3			
			2
	3		1

주어진 문제는 위의 큰 정사각형 안의 빈 칸을 가로줄과 세로줄, 그리고 2×2의 작은 정사각형 안에 1부터 4까지의 수를 단 한 번씩만 사용하여 겹치지 않게 채우는 문제로 변형할 수가 있다.

먼저 1을 살펴보자. 빈칸에 들어갈 수가 겹치지 않아야 하므로 1의 가로와 세로에 선을 그어보자. 선이 지나가지 않는 빈칸에 1이 들어갈 수 있는데(가로와 세로 줄에 겹치지 않으므로) 문제의 조건에 작은 4개의 정사각형 안에도 겹치지 않아야 하므로 다음과 같은 두 곳에 1을 넣을 수 있다.

1		2	
3		①	
	①		2
	3		1

이와 같은 방법을 계속 적용하면 모든 빈칸을 채울 수 있고, 1, 2, 3, 4 대신에 ○, ◎, ●, ◇를 대입하면 해를 구할 수가 있다.

1	4	2	3
3	2	1	4
4	1	3	2
2	3	4	1

○	◇	◎	●
●	◎	○	◇
◇	○	●	◎
◎	●	◇	○

AA는 두 자리 수이고 BCC가 세 자리 수이므로 A≠0이고 B≠0. 두 자리 수에 한 자리 수를 더해 세 자리 수가 되었으므로 B=1. 십의 자리 계산은 일의 자리 계산에서 1이 받아올림 되었으므로 A+1=10+C에서 A−C=9. 한 자리 수에서 한 자리 수를 뺀 결과가 9가 되는 두 수는 9와 0밖에 없으므로 A=9이고 C=0. 따라서 구하고자 하는 식은 다음과 같다.

$$\begin{array}{r} 99 \\ +1 \\ \hline 100 \end{array}$$

좀 더 쉽게 설명하기 위하여 그림과 같이 몇 개의 빈칸을 문자로 표시하자.

```
              A B
6 C D ) □ □ □ 1
        E □ 7
        □ □ □ 1
        □ □ 6 1
              0
```

우선, 제수가 600(6CD)보다 더 크므로 A = 1. 따라서 6CD = E□7이므로 D = 7이고 E = 6.

```
              1 B
6 C 7 ) □ □ □ 1
        6 □ 7
        □ □ □ 1
        □ □ 6 1
              0
```

B×D = B×7의 계산 결과 일의 자리 수가 1이므로 B = 3. B×C = 3×C의 계산 결과 일의 수가 4(6−2 = 4, 여기서 2는 3×7의 계산에서 받아올린 수)이어야 하므로 C = 8.

```
              1 3
6 8 7 ) 8 9 3 1
        6 8 7
        2 0 6 1
        2 0 6 1
              0
```

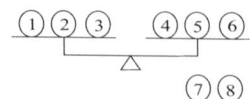

위의 그림과 같이 달걀에 번호를 붙이고 무게를 재보자.
만약 천칭이 균형을 이룬다면 1번부터 6번까지는 무게가 같다는 것을 알 수 있다. 이제 천칭의 한쪽에 7번, 다른 한 쪽에는 8번의 달걀을 놓고 무게를 달면 된다.

만약 천칭이 균형을 이루지 않는다면, 어느 한쪽은 더 가벼울 것이다. 왼쪽이 더 가볍다고 가정하면 1번 달걀을 천칭의 왼편에 2번을 천칭의 오른쪽에 놓고 무게를 한 번 더 달아 천칭이 균형을 이룬다면 3번이 더 가벼운 달걀이다. 반면에 왼쪽이 더 가볍다면 1번 달걀이 더 가볍고 오른쪽이 더 가볍다면 2번 달걀이 더 가벼운 달걀이다.

용량이 10ℓ 인 주전자를 A, 16ℓ 주전자를 B, 개천을 C라 하고, 한 곳에서 다른 곳으로 물을 따르는 것을 '>'로 표현하자.

순서	행위	A	B	C
0	최초	0	0	
1	C>A	10	0	-10
2	A>B	0	10	
3	C>A	10	10	-10
4	A>B	4	16	

A, B, C, D를 각각 다리를 건너는 데 1분, 2분, 5분, 8분이 걸리는 사람이라고 하자.

순서	처음 장소	이동방향	다리 건너편	소요시간	전체시간
1	C, D	A, B >	A, B	2	2
2	A, C, D	< A	B	1	3
3	A	C, D >	B, C, D	8	11
4	A, B	< B	C, D	2	13
5		A, B >	A, B, C, D	2	15

가방 안에서 3개의 구슬을 꺼낼 수가 있다. 만약 꺼낸 3개의 구슬 가운데 각각의 색깔의 구슬이 한 개 이상 존재하지 않는다고 하면 전체 구슬의 개수는 2개보다 많지 않을 것이다. 이것은 명백히 3개의 구슬을 꺼냈다는 가정에 모순이 된다. 반면에 2개의 구슬을 선택하는 것은 충분하지가 않다. 여기서 구슬을 비둘기 집이라고 놓고 구슬의 색깔(흰색과 검은색)을 비둘기라고 가정하여 비둘기 집 원리에 대입하면 구슬의 개수가 3개라는 것을 알 수 있다.

테이블에 앉아 있는 모든 사람을 대각선으로 마주보고 있는 사람끼리 짝을 지어 50쌍을 만들자. 이 쌍들을 비둘기 집으로 생각하면 51명 이상의 남자들이 있으므로 50쌍 중에 남자끼리 짝지어진 쌍이 적어도 한 쌍은 존재한다.

주어진 정사각형을 한 변의 길이가 1인 4개의 정사각형으로 분할한다. 5개의 점이 가장 멀리 떨어진 경우는 4개의 꼭지점과 중앙의 점이다.

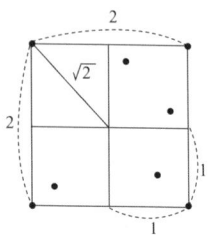

이때 가장 가까운 거리가 $\sqrt{2}$ 이다. 정사각형들의 변 위에 있는 경우는 물론 대각선의 길이 $\sqrt{2}$ 보다 짧다. 그 외 4개의 정사각형에서 5개의 점을 잡으면 2개 이상을 포함하는 정사각형이 존재한다. 한 정사각형 안에서 잡은 두 점 사이의 거리는 $\sqrt{2}$ 이하이다.

 그림과 같이 각 변을 3등분하여 합동인 9개의 정삼각형으로 분할하면, 점이 2개 이상 잡히는 작은 정삼각형이 있다.

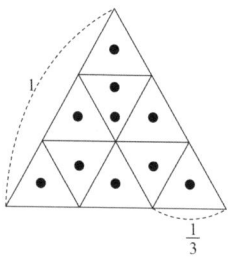

그런데 작은 정삼각형에서 가장 멀리 있는 두 점 사이의 거리가 $\frac{1}{3}$이므로 점이 2개인 작은 정삼각형에서 그 두 점 사이의 거리는 $\frac{1}{3}$ 이하이다.

먼저 찻잔을 선택하자. 그 다음 세트를 이루기 위해 임의의 세 종류의 잔 받침을 선택할 수 있다. 그러므로 선택한 하나의 찻잔으로 서로 다른 세 종류의 세트를 구입할 수 있다. 다섯 종류의 찻잔이 있다고 했으므로 구입할 수 있는 가짓수는 모두 15가지이다.

찻잔과 잔 받침으로 이루어진 15가지의 세트 각각에 네 종류의 티스푼을 선택할 수 있으므로 찻잔, 잔 받침과 티스푼으로 이루어진 세트의 전체 가짓수는 60가지이다.

홀수로 이루어진 한 자리 수는 5가지이다(1, 3, 5, 7, 9). 이 5가지의 홀수로 이루어진 한 자리 수의 오른쪽에 5가지의 또 다른 홀수를 더해 홀수로 이루어진 두 자리 수를 구할 수 있다. 그러므로 홀수로 이루어진 두 자리 수는 25(=5×5)가지가 존재한다. 이와 같은 방법으로 홀수로 이루어진 세 자리 수는 125(=5×5×5)가지가 존재하고, 홀수로 이루어진 네 자리 수는 625(=5×5×5×5)가지가 존재한다.

MATH PUZZLE ANSWER

051 ANSWER

이 단어는 두 개의 T와 세 개의 다른 문자로 구성되어 있다. 두 개의 T를 임시로 서로 다른 문자 T1과 T2로 놓자. 이러한 가정에서 서로 다른 단어는 5!=120개가 존재한다. 그러나 120개의 단어 중 T1과 T2의 순서를 바꾸어 만든 임의의 두 단어들은 사실은 동일한 단어들이므로 120개의 단어를 동일한 단어들의 쌍으로 쪼개면 120/2=60개를 얻을 수 있다.

052 ANSWER

n개의 꼭지점 중 임의의 한 꼭지점을 대각선의 한쪽 끝점으로 선택하면 $n-3$개의 꼭지점 중 임의의 한 꼭지점을 그 대각선의 다른 꼭지점으로 선택할 수 있다(먼저 선택한 하나의 꼭지점과 그 꼭지점의 양옆에 있는 두 개의 꼭지점을 제외).

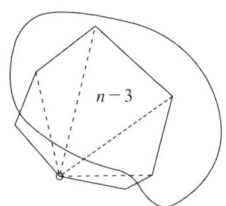

이러한 방법으로 대각선의 수를 세면 모든 대각선들은 정확히 두 번씩 세게 된다. 그러므로 n-다각형의 대각선의 수는 $n(n-3)/2$개이다.

053
ANSWER
각 자리 수가 모두 홀수로만 이루어진 수와 모두 짝수로만 이루어진 수의 두 가지의 경우가 존재한다. 먼저 각 자리 수가 모두 홀수로만 이루어진 수는 여섯 자리 수의 각각의 숫자를 홀수 집합 1, 3, 5, 7, 9 중에서 독립적으로 선택할 수 있기 때문에 5^6가지가 존재한다. 그러나 각 자리 수가 모두 짝수로만 이루어진 수는 처음 숫자에 0이 올 수 없기 때문에 오직 4×5^5 가지가 존재한다. 따라서 구하고자 하는 가지수는 $5^6 + 4 \times 5^5 = 28125$이다.

054
ANSWER
모든 비행기 노선은 두 도시를 연결하고 있다. 20개의 도시 중 비행기가 출발하는 출발지를 임의로 하나 선택하고 이 도시를 A라고 하자. 그리고 남아 있는 19개의 도시 중 임의로 하나 선택하여 비행기의 도착지로 하고 이 도시를 B라고 하자. 그러면 전체 $380(= 20 \times 19)$가지의 비행기 노선을 구할 수가 있다. 그러나 A를 출발지로 선택하나 B를 출발지로 선택하나 같은 노선이므로, 즉 각각의 노선은 두 번씩 계산되었으므로 노선의 가짓수는 $380/2 = 190$가지이다.

055
ANSWER
각 자리 수가 모두 홀수로만 이루어진 수와 모두 짝수로만 이루어진 수의 두 가지의 경우가 존재한다. 먼저 각 자리 수가 모두 홀수로만 이루어진 수는 여섯 자리 수의 각각의 숫자를 홀수 집합 1, 3, 5, 7, 9 중에서 독립적으로 선택할 수 있기 때문에 5^6가지가 존재한다. 그러나 각 자리 수가 모두 짝수로만 이루어진 수는 처음 숫자에 0이 올 수 없기 때문에 오직 4×5^5가지가 존재한다. 따라서 구하고자 하는 가짓수는 $5^6 + 4 \times 5^5 = 28125$이다.

056 ANSWER

숫자 1, 2, 3, 4를 한 번씩만 사용하여 만든 네 자리 자연수 중 4로 나누어떨어지는 수는 12, 24 또는 32로 끝나야만 한다. 이러한 각각의 경우에 네 자리 수의 처음 두 자리 수는 다른 두 개의 숫자가 와야 하므로 각각 2가지 방법이 존재한다. 따라서 3×2=6가지가 존재한다.

057 ANSWER

방법 1.

가로 칸의 수는 4이고 세로 칸의 수는 3이므로 A지점에서 B지점으로 가는 최단거리의 경우의 수는

$$n(\mathrm{T}) = \frac{(가로\ 칸의\ 수 + 세로\ 칸의\ 수)!}{(가로\ 칸의\ 수)! \times (세로\ 칸의\ 수)!}$$

이므로

$$\frac{(4+3)!}{4! \times 3!} = \frac{7!}{4! \times 3!} = 35가지$$

방법 2.
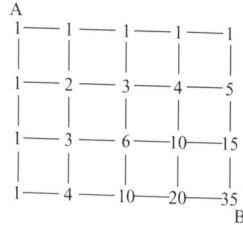

방법 1.

A지점에서 B지점까지 최단 경로로 가기 위해서는 다음 그림의 교차점 C, D, E 중 한 점을 통과하여야 한다.

점 C를 지나서 A에서 B로 가는 경우 : 1가지
점 D를 지나서 A에서 B로 가는 경우 : 6가지
점 E를 지나서 A에서 B로 가는 경우 : 1가지

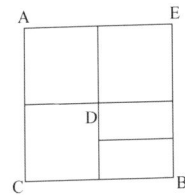

이는 동시에 일어나지 않으므로 구하는 경우의 수는 1+6+1=8(가지)이다.

방법 2.

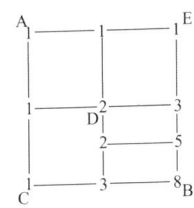

 1부터 9까지 모두 더하면 45이고 14, 10, 4, 12를 모두 더하면 이 수들의 총 합은 40이다. 따라서 45-40=5이므로 5가 빠진 수이다.

060 ANSWER

1989^{1989}의 마지막 자리 수를 구하는 것은 9^{1989}의 마지막 자리 수를 구하는 것과 같다. 9의 거듭제곱을 계산하면 다음과 같다.

$9^1 = 9$, $9^2 = 81$, $9^3 = 729$, $9^4 = 6561$, $9^5 = 59049$, …

9의 거듭제곱의 마지막 자리 수를 살펴보면

$$9, 1, 9, 1, 9, 1, 9, \cdots$$

의 형태를 띠고 있음을 알 수 있다.
9의 홀수 거듭제곱은 마지막 자리 수가 항상 9이고, 9의 짝수 거듭제곱은 마지막 자리 수가 항상 1이므로 1989^{1989}의 마지막 자리 수는 9임을 알 수 있다.

061 ANSWER

7의 거듭제곱의 마지막 자리 수는 다음과 같다.

$$7, 9, 3, 1, 7, 9, 3, 1, 7, \cdots$$

위와 같이 이 수들은 4로 순환하므로 777^{777}의 마지막 자리 수는 777을 4로 나눴을 때 나머지를 이용하여 구할 수 있다. 777^{777}의 마지막 자리 수는 7^1의 마지막 자리 수와 같으므로 777^{777}의 마지막 자리 수는 7이다.

062 ANSWER

(1), (3), (4), (6), (8)

ANSWER MATH PUZZLE MEDIUM

001

4	2	1	3	2	4	2	1
3	1	2	4	4	1	3	4
2	1	3	3	1	4	3	3
3	4	3			2	4	2
1	1	4			1	2	3
4	2	1	2	3	4	2	1
1	3	4	3	1	2	3	2
2	3	4	1	2	1	4	4

002

			5	2	4			
			3	1	3			
			1	1	2			
4	5	2	2	5	4	5	2	4
1	4	5	3	4	3	1	3	5
2	3	1	2	1	5	4	3	2
			5	4	3			
			1	2	5			
			1	3	4			
			4	2	5			
			5	1	4			
			3	3	5			
			4	1	2			
			2	1	3			

MATH PUZZLE ANSWER

003 ANSWER

004 ANSWER

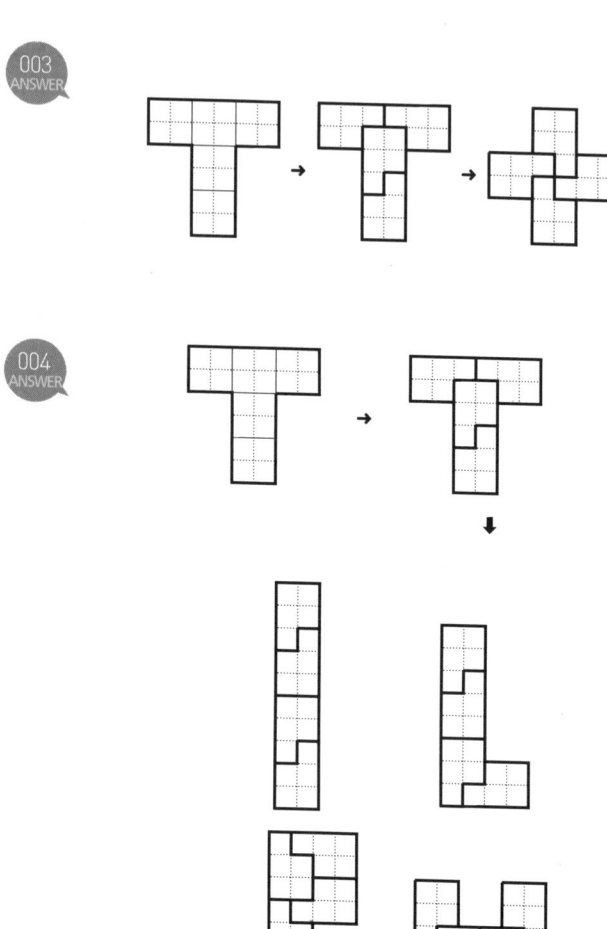

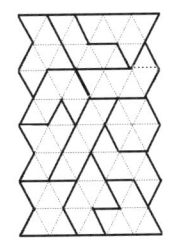

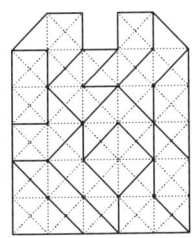

다음과 같은 세 가지 방법으로 정답을 구할 수 있다.
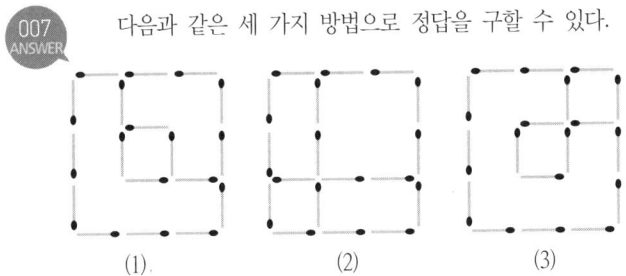

MATH PUZZLE ANSWER

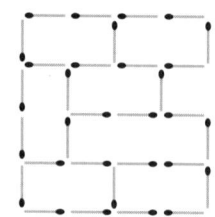

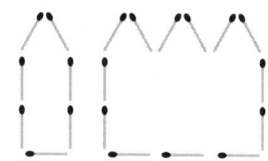

010
ANSWER
다음 순서대로 바둑돌을 이동하면 된다.

시작	○	○	○	●	●	●
	1	2	3	4	5	6
1단계		○	●	●	●	○	○
		3	4	5	6	1	2
2단계		○	●	●		○	●	○
		3	4	5		2	6	1
3단계			●	○	●	○	●	○
			5	3	4	2	6	1

다음과 같은 순서로 재배열하면 된다.

시작	○	○	○	○	○	●	●	●	●	●
	1	2	3	4	5	6	7	8	9	10
1단계	○			○	○	●	●	●	●	●	○	○
	1			4	5	6	7	8	9	10	2	3
2단계	○	●	●	○	○	●	●			●	○	○
	1	8	9	4	5	6	7			10	2	3
3단계	○	●	●	○			●	○	●	●	○	○
	1	8	9	4			7	5	6	10	2	3
4단계	○	●	●	○	●	○	●	○	●			○
	1	8	9	4	10	2	7	5	6			3
5단계		●	○	●	○	●	○	●	○	●	○
		9	4	10	2	7	5	6	1	8	3

 ⑤를 왼쪽으로 건너뛰어 이동 → ③을 왼쪽으로 건너뛰어 이동 → ①을 왼쪽으로 건너뛰어 이동 → ②를 오른쪽 옆 칸으로 이동 → ④를 오른쪽으로 건너뛰어 이동 → ⑥을 오른쪽으로 건너뛰어 이동 → ⑤를 오른쪽 옆 칸으로 이동 → ③을 왼쪽으로 건너뛰어 이동 → ①을 왼쪽으로 건너뛰어 이동 → ②를 왼쪽으로 건너뛰어 이동 → ④를 오른쪽 옆 칸으로 이동 → ⑥을 오른쪽으로 건너뛰어 이동 → ⑤를 오른쪽으로 건너뛰어 이동 → ③을 오른쪽 옆 칸으로 이동 → ①을 왼쪽으로 건너뛰어 이동 → ②를 왼쪽으로 건너뛰어 이동 → ④를 왼쪽으로 건너뛰어 이동 → ⑥을 오른쪽 옆 칸으로 이동 → ⑤를 오른쪽으로 건너뛰어 이동 → ③을 오른쪽으로 건너뛰어 이동 → ①을 오른쪽 옆 칸으로 이동

MATH PUZZLE ANSWER

①과 ⑥을 맞바꿈 → ⑥과 ⑨를 맞바꿈 → ⑨와 ⑧을 맞바꿈 → ②와 ④를 맞바꿈 → ④와 ⑤를 맞바꿈 → ⑤와 ⑪을 맞바꿈 → ⑪과 ⑮를 맞바꿈 → ③과 ⑭를 맞바꿈 → ⑭와 ⑫를 맞바꿈 → ⑩과 ⑬을 맞바꿈 → ⑬과 ⑯을 맞바꿈

다음과 같은 순서대로 이동시키면 된다.

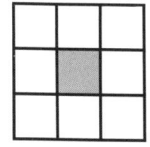

최소한 네 번 칼질을 해야 한다는 것은 쉽게 알 수 있으나 그 이유를 설명하기는 어렵다.

한가운데에 있는 정사각형을 살펴보자. 이 정사각형은 변이 4개 있지만, 바깥쪽과 접하는 변은 하나도 없다. 하지만 칼질을 한 번 할 때마다 한 개의 변밖에 자를 수 없으므로, 네 개의 변을 모두 잘라 내려면 최소한 네 번의 칼질을 해야 한다.

문제를 쉽게 풀어가기 위해 육각형의 초콜릿을 빨강(R), 초록(G), 파랑(B)으로 구분하여 칠해보자. 이렇게 하면 조각 1과 조각 2 중에 어느 모양으로 잘라도 모두 R, G, B가 1개씩 포함된다.

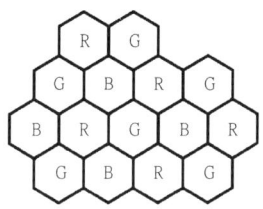

2가지 형태를 조합해서 초콜릿을 자른다면 모든 조각에는 R, G, B가 1개씩 포함되어 있으므로 R, G, B는 각각 5개씩 있어야 한다. 예를 들면 다음 그림과 같다.

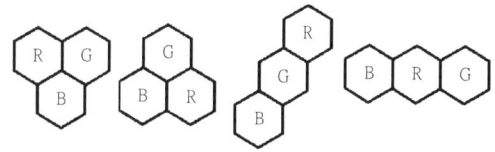

그러나 해답의 도형처럼 3가지 색을 구분해서 칠할 때, 각각의 색을 세면 R은 5개, G는 6개, B는 4개가 된다는 사실을 알 수 있다. 즉, 문제에서 제시한 2가지 형태의 초콜릿으로는 5조각으로 나누는 일은 불가능하다.

MATH PUZZLE **ANSWER**

도형의 넓이가 10이므로 구하는 정사각형의 한 변의 길이는 $\sqrt{10}$ 이다. 그리고 $1^2 + 3^2$ 은 10이다. 이 문제를 해결하는 핵심은 2개의 1×3 사각형을 찾는 것과 정사각형의 한 변의 길이가 $\sqrt{10}$ 이 되도록 한쪽 구석에서 다른 쪽 구석까지 도형을 나누는 것이다. 따라서 답은 다음과 같다.

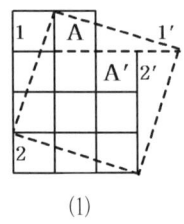
(1)

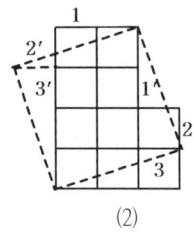
(2)

이 도형의 면적이 13이므로 최선의 방법은 정사각형의 한 변의 길이가 $\sqrt{13}$ 이 되게 도형을 나누는 것이다. 13은 2×2+3×3으로 나타낼 수 있다. 도형을 나누는 선은 도형의 중심을 지나야만 한다. 다음 그림이 주어진 도형을 나누는 방법이다.

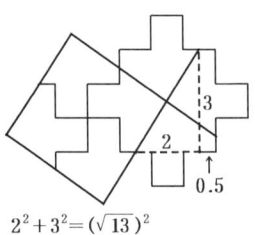

$2^2 + 3^2 = (\sqrt{13})^2$

쉽게 설명하기 위하여 사각형의 위치를 (행,열)로 표시하자. 문제의 그림은 36개의 정사각형과 알파벳 X와 Y를 4개씩 포함하고 있으므로 나누어진 부분은 9개의 정사각형과 X와 Y를 각각 하나씩 포함하고 있어야 한다. 각 부분에는 각각의 문자가 하나씩 포함되어야 하고 인접해 있는 동일한 문자는 서로 분리되어야 하므로 [그림 1]과 같이 굵은 선으로 분리하자. X(3,3)와 Y(5,3), X(4,4)와 Y(5,4)는 각각 같은 영역에 포함되어야 한다. Y(5,3), Y(5,5)는 X(4,4)와 Y(5,4)와 연결된 (6,2), (6,3), (6,4)과 (6,5)를 선택할 수 없다. 따라서 [그림 2]와 같은 답을 얻을 수 있다.

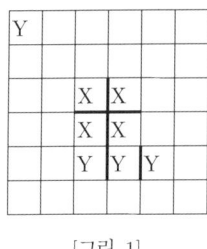

[그림 1]

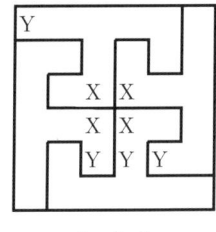

[그림 2]

8×8 정사각형을 4등분해야 하므로 각 부분은 64÷4=16개의 작은 정사각형으로 이루어져야 한다.

오른쪽 상단 부분을 주의 깊게 살펴보면 다음과 같은 것을 발견할 수 있다.

1. 2개의 1 사이에 반드시 절단선이 있어야 한다.

MATH PUZZLE ANSWER

2. 등분한 각 부분이 큰 정사각형의 변을 한 개씩 포함하고 있어야 한다는 것은 좋은 가정이다.
3. 이 4부분 중 하나를 0°, 90°, 180°, 270° 회전시키면 일치한다.

1단계

1행의 7열과 8열에 있는 인접한 2개의 1 사이에 굵은 선을 그린 후에 반시계방향으로 90°씩 회전한 부분(1열의 1행과 2행 사이, 8열의 1열과 2열 사이, 8열의 7행과 8행 사이)에 굵은 선을 그리자.

			2			1	1
	1		2				
	1			4	4		
	3	3			3	3	
		4	4				
	2	2					

2열의 2행과 3행 사이에 있는 2개의 1 사이에 굵은 선을 그린 후, 반시계방향으로 90°씩 회전한 부분(7행의 2열과 3열 사이, 7행의 6열과 7열 사이, 2행의 6열과 7열 사이)에 굵은 선을 그리자.

2단계

4열의 1행과 2행 사이에 있는 2개의 2 사이에 굵은 선을 그린 후, 반시계방향으로 90°씩 회전한 부분에 굵은 선을 그리고, 6행의 2열과 3열 사이에 있는 2개의 2 사이에 굵은 선을 그린 후에 반시계방향으로 90°씩 회전한 부분에 굵은 선을 그리자.

3단계와 4단계

인접한 2개의 3과 인접한 2개의 4에 대해 1단계, 2단계와 같은 방법으로 굵은 선을 그리자.

3단계   4단계

5단계

이 선들을 연결시킨 후에 주어진 도형을 각각 굵은 실선을 따라 자르면 된다.

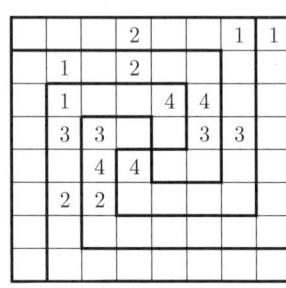

021
ANSWER

첫 번째 사람이 꽃잎을 어떻게 떼어내든지 두 번째 사람은 꽃 위에 꽃잎이 짝수 개가 남도록 떼어내고 나서 대칭성을 적용하면 된다. 두 경우 모두 두 번째 사람이 이긴다.

022
ANSWER

이 게임에서 이기는 상황은 두 바둑돌 사이의 칸의 수가 3의 배수일 때이다. 따라서 두 번째 사람이 남은 칸이 3의 배수가 되게 만들면 이길 수 있다.

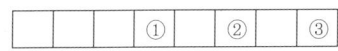

먼저 시작하는 사람을 A, 나중에 하는 사람을 B라 하면 항상 A가 이긴다.

동전은 왼쪽으로만 옮길 수 있다는 데에 주목하자. 왼쪽에 있는 동전부터 ①, ②, ③이라 하자. ①, ②, ③번 동전은 각각 3번, 5번, 7번 움직여야만 가장 왼쪽 칸으로 옮길 수 있다. 따라서 동전을 옮기는 총 횟수는 어느 게임에서나 $3+5+7=15$회이다. 즉, 모든 동전은 홀수 번 움직이게 된다. 따라서 A가 마지막 15번째에 동전을 옮기게 되므로 A가 이긴다.

먼저 가져가는 사람을 A, 나중에 가져가는 사람을 B라고 하자. B가 게임에서 이기려면 마지막에 남아 있는 동전 1개를 A가 가져가야 한다. 따라서 이보다 앞선 A의 차례에서, A가 가져간 후에 B의 차례에는 A가 가져간 동전과 B가 가져갈 동전의 합이 4가 되게 B가 가져가면 된다.

○○○○ | ○○○○ | ○○○○ | ○○○○ | ○○○○ | ○

MATH PUZZLE ANSWER

다음 그림과 같이 가운데에 있는 삼각형을 180° 회전시키면 가운데 삼각형은 큰 삼각형의 1/4이라는 것을 알 수 있다.

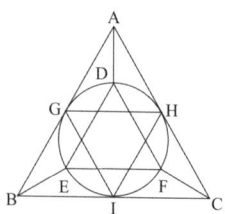

점 A와 D를 연결하면 BEFC, ADEB와 ADFC의 영역이 같은 크기임을 알 수 있다. 이것은 BEFC의 넓이가 큰 삼각형의 넓이의 1/4임을 의미한다. 따라서 삼각형 DEF와 사다리꼴 BEFC의 넓이는 같다.

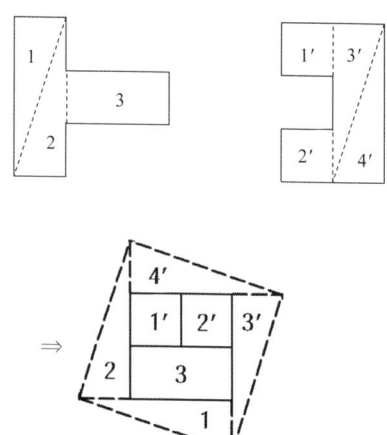

선분 AC의 길이는 $\sqrt{20\times 20 + 20\times 20}$ 이다. 원의 지름을 d 라고 하면 원의 1/4인 부분의 반지름은 $r = d/2$ 이다.

빗금 친 부분의 넓이는 4개 원의 1/4 부분의 전체 넓이에서 정사각형의 넓이를 뺀 값이다. 즉,

$$r \times r \times 3.14 / 4 \times 4 - 20 \times 20$$

이다.

$r = d/2$ 이므로 $d \times d/4 = 800/4 = 200$ 이고, 따라서

$$200 \times 3.14 - 400 = 228$$

이다.

회색 부분의 넓이는 원의 1/4인 영역 ABO와 삼각형 영역 ABO의 차의 2배이다.

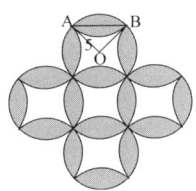

즉,

$$(5 \times 5 \times 3.14/4 - 5 \times 5/2) \times 2 = 14.25$$

16개의 회색 부분의 전체 넓이는

$$14.25 \times 16 = 228 (\text{cm}^2)$$

이다.

MATH PUZZLE ANSWER

029 ANSWER

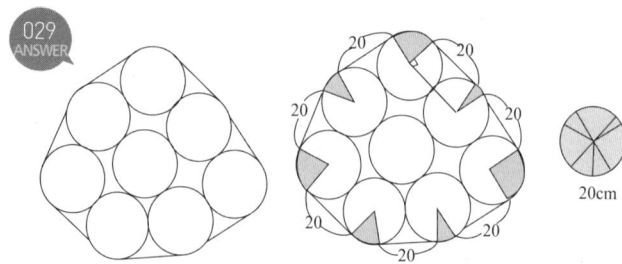

위의 그림은 호 부분과 직선 부분으로 나누어 생각할 수 있다. 끈이 직선 부분과 호 부분에 둘러져 있는데 호 부분을 한쪽으로 모으면 원이 된다는 사실을 알 수 있다. 직선 부분은 원의 반지름이 10cm이므로 그림과 같이 20cm라는 사실을 알 수 있다.

따라서 호 부분의 길이는 모두 20π(cm)다. 한편 직선 부분은 개수×20(cm)라는 사실을 알 수 있다. 그러므로

$$20\pi + 20 \times 7 = 140 + 20\pi \text{(cm)}$$

가 된다.

030 ANSWER

방법 1. 넓이를 이용하는 방법

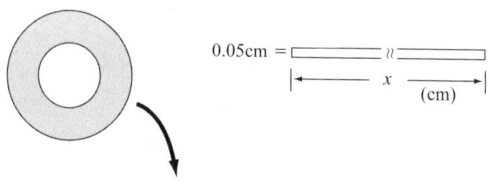

214

두루마리 휴지가 감겨진 상태의 동심원의 넓이와 풀어놓았을 때 옆에서 본 직사각형의 넓이는 같기 때문에,

$$75\pi = 0.05x$$

따라서 휴지의 길이는 47m이다.

방법 2. 평균값을 이용하는 방법

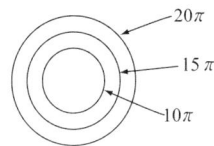

가장 바깥쪽의 원둘레의 길이는 20π이고, 가장 안쪽의 원둘레의 길이는 10π이다. 그러므로 원둘레의 평균 길이는

$$(20\pi + 10\pi) \div 2 = 15\pi$$

이것이 100번(5÷0.05) 감겨 있으므로 구하는 길이는

$$15\pi \times 100 = 1500\pi(\text{cm}) \fallingdotseq 47(\text{m})$$

따라서 휴지의 길이는 47m이다.

땅을 한쪽으로 모으면 옆 변은 다음 그림처럼 일직선이 되지 않는다.

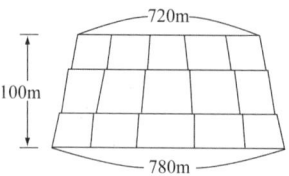

이렇게 되면 계산이 다소 어려워진다. 그러므로 좀더 간단한 형태로 바꿔보자. 이 문제 역시 한쪽으로 모으는 것과 마찬가지로 넓이는 바꾸지 않고 다음 그림처럼 모양을 변형할 수 있다. 그러면 가로의 길이가 $(720+780) \div 2 = 750$인 직사각형이 되고 이제 쉽게 계산할 수 있게 변형됐다.

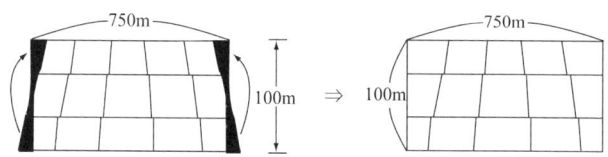

땅의 넓이는 $750 \times 100 = 75000 \text{m}^2$이다.

계산을 쉽게 하기 위하여 ADF의 넓이를 R, DBEF의 넓이를 X, FEC의 넓이를 S라고 하자.

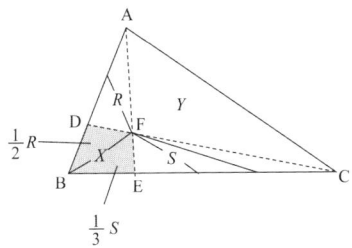

$R+X$는 삼각형 ABC의 넓이의 1/4인 33cm²임을 알 수 있고, $S+X$는 ABC의 넓이의 1/3인 44cm²임을 알 수 있다. 점 F에서 점 B까지 직선을 그리면 $X = 1/2R + 1/3S$임을 알 수 있다. 그러면 3개의 방정식을 얻을 수 있다.

(1) $R = 33 - X$

(2) $S = 44 - X$

(3) $X = 1/2R + 1/3S \, (6X = 3R + 2S)$

(3)의 식의 R 대신에 $33 - X$를, S 대신에 $44 - X$를 대입하면

$$6X = 3(33 - X) + 2(44 - X)$$

을 얻을 수 있다.

위의 식을 간단히 하면 $11X = 187$, $X = 17$을 얻을 수 있으므로 DBEF의 넓이는 17cm²이다.

MATH PUZZLE ANSWER

$5 \times 5 \times (5 - 5/5) = 25 \times 4 = 100$

$5 \times 5 \times 5 - 5 \times 5 = 100$

$(5 + 5 + 5 + 5) \times 5 = 100$

$(5 \times 5 - 5) \times \sqrt{5 \times 5} = 100$

$(5 \times 5 - \sqrt{5 \times 5}) \times 5 = 100$

$(5 + 5)^{(5+5)/5} = 10^2 = 100$

$6 \times 6 + 66 \div 66 = 37$

$6 \times 6 + 6 \div 6 \times 6 \div 6 = 37$

$6 \times 6 + 66^{(6-6)} = 37$

$666 \div (6 + 6 + 6) = 37$

$6 - 6 + 6 \times 6 + 6 \div 6 = 37$

$6^{((6+6) \div 6)} + 6 \div 6 = 37$

$6^{(6 \div 6)} \times 6 + 6 \div 6 = 37$

$6 \times 6 \div 6 \div 6 + 6 \times 6 = 37$

$9 \times 9 + 9 + 9 + 9 \div 9 = 100$

$(99 + 9 \div 9) \times 9 \div 9 = 100$

$(9 + 9 \div 9) \times (9 + 9 \div 9) = 100$

$99 \div 9 \times 9 + 9 \div 9 = 100$

$99 + 99 \div 99 = 100$

$(99 + 9 \div 9) + 9 - 9 = 100$

$(999 - 99) \div 9 = 100$

$(99 + 9 \div 9) \div (9 \div 9) = 100$

218

중간에 들어갈 숫자가 홀수이므로 8008의 소인수 중 홀수인 7, 11, 13을 살펴보자. 중간에 들어갈 숫자는 07, 11, 13, 77 또는 91이다.

8078÷ 7=1154   8118÷11= 738
8138÷13= 626   8778÷77= 144
8918÷91= 98

| | | | × | | | = | | | × | | | = | 5568 |

5568의 인수는 2, 2, 2, 2, 2, 2, 3과 29이다. 2개의 2자리의 숫자를 얻기 위해 29에 2 또는 3을 곱해야 한다. 이 숫자들 중 하나는 반드시 87이거나 58이어야 한다. 오른쪽에 96×58을 선택하면 답은 다음과 같다.

| 1 | 7 | 4 | × | 3 | 2 | = | 9 | 6 | × | 5 | 8 | = | 5568 |

4 → ☐ → ☐ → ☐ → ☐ → 16 → ★ → …

5부터 시작하여 3을 빼고 5를 더한 수들에서 다음과 같이 생각하자.

$$5 \to 2 \to 7 \to 4 \to 9 \to 6 \to 11 \to 8 \to \cdots \quad ①$$

219

MATH PUZZLE ANSWER

식 ①에서 홀수 번째 항과 짝수 번째 항들만 나열해 보면 식 ②, ③이 되는데 식 ②, ③의 각 항은 2씩 커짐을 알 수 있다.

$$5 \rightarrow 7 \rightarrow 9 \rightarrow 11 \rightarrow \quad \cdots ②$$
$$2 \rightarrow 4 \rightarrow 6 \rightarrow 8 \rightarrow \quad \cdots ③$$

그러므로 위와 같은 방법으로 주어진 문제를 생각할 수 있다. 먼저 4에서 자연수가 되도록 뺄 수 있는 수는 1, 2, 3 중 하나이므로 두 번째 수는 3, 2, 1 중 하나이다. 각각의 경우를 위와 같이 생각해 보자.

(1) 두 번째 항이 첫 번째 항에서 2를 빼는 경우

$$4 \rightarrow 2 \rightarrow \Box \rightarrow \Box \rightarrow \Box \rightarrow 16 \rightarrow \boxed{?} \rightarrow \cdots$$
$$4 \rightarrow \Box \rightarrow \Box \rightarrow 16 \rightarrow \boxed{?} \rightarrow \cdots$$
$$2 \rightarrow \boxed{ⓑ} \rightarrow 16 \rightarrow \boxed{?} \rightarrow \cdots$$

ⓑ에 들어갈 수는 (2+16)2=9이므로 위의 경우를 만족한다. 따라서

$$4 \rightarrow 2 \rightarrow \Box \rightarrow 9 \rightarrow \Box \rightarrow 16 \rightarrow \boxed{?} \rightarrow \cdots$$

이므로 위의 두 번째 □에 들어갈 수는 9보다 2 큰 수이어야 하므로 11이 된다. 즉, 2를 빼고 9를 더한 수를 나열한 경우이다. 따라서 이 규칙을 적용하여 나열하여 보면 다음과 같다.

$$4 \to 2 \to 11 \to 9 \to 18 \to 16 \to \boxed{25} \to \cdots$$

(2) 두 번째 항이 첫 번째 항에서 1을 빼는 경우와 3을 빼는 경우는 조건을 만족하는 자연수는 존재하지 않는다. 따라서 ★에 들어갈 수는 25이다.

88과 63으로부터 25(=8+8+6+3)가 만들어진다. 따라서 1+5+3+2=11이고 □에 들어갈 수는 11이다.

위의 행의 숫자를 중심으로 왼쪽과 오른쪽에 있는 숫자 세 개를 더해서 만든 수를 기입하는 형태이다. 가장 자리에 있는 수들은 바로 위 행에 숫자가 없으므로 바로 위와 왼쪽이나 오른쪽에 0을 기입하고 더하면 된다.

```
            0  0  1  0  0
         0  0  1  1  1  0  0
      0  0  1  2  3  2  1  0  0
   0  0  1  3  6  7  6  3  1  0  0
0  0  1  4 10 16 19 16 10  4  1  0  0
   1  5 15 30 45 51 45 30 15  5  1
```

MATH PUZZLE **ANSWER**

1. 1+2+3+⋯+8+9=45이므로 4와 5 사이에 있는 모든 수의 합이 36이 되기 위해서는 4와 5는 양끝에 놓아야 한다.

4								5

2. 3과 4 사이의 모든 수의 합이 27이 되어야 하므로 45 - 27 - 4 - 5 - 3 = 6이다.

4						3	6	5

3. 2와 3 사이에 있는 모든 수의 합이 18이므로 2부터 3 사이의 모든 수의 합은 23이다. 그러므로 4와 2 사이에 들어갈 수 있는 수의 합은 34 - 23 - 4 = 7이다. 그런데 7=1+6=2+5=3+4이므로 4와 2 사이에 들어갈 수는 7밖에 없다.

4	7	2				3	6	5

4. 2부터 1까지의 수의 합이 12이므로, 1과 3 사이에 들어갈 수 있는 수의 합은 23 - 12 - 3 = 8이고, 1과 3 사이에는 8, 2와 1 사이에는 9가 들어가야 한다.

4	7	2	9	1	8	3	6	5

또는

5	6	3	8	1	9	2	7	4

요리사 → 관리사 → 관리인 → 대리인 → 대리점

		32	14	27	
	16\12	3	9	4	
23	3	8	5	7	13
16	9	7	14\13	6	8
	29	9	7	8	5
	13	5	6	2	

		286	14			
	22\10	11	2	390		
210	5	2	7	3	21	
26	2	13	15\10	5	3	
		70	5	2	7	
	182	7	2	13		

MATH PUZZLE **ANSWER**

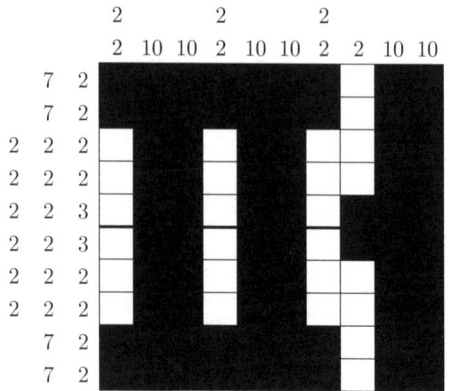

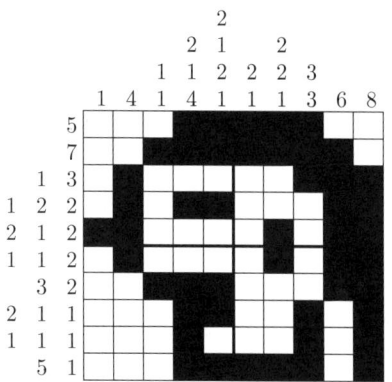

224

설명을 쉽게하기 위하여 문자를 다음과 같이 표현하자.

$$\begin{array}{r} A\ B\ C \\ +\ \ \ B\ C \\ \hline D\ B\ A \end{array}$$

백의 자리 수 계산을 보면 십의 자리 수 계산에서 1이 받아올림 되었으므로 B≥5임을 알 수 있다. 이것을 대입하여 정리하면 다음과 같은 식을 얻을 수가 있다.

$2C = 10x + A\,(x=0\ \text{또는}\ x=1)$ ⋯ ①

$x + 2B = 10 + B$ ⋯ ②

$1 + A = D$ ⋯ ③

식 ②를 정리하면 계산하면 B가 한 자리 수이어야 하므로 $x=1$이고 B=9이다.

$x=1$을 식 ①에 대입하면 A는 짝수(2, 4, 6, 8)이어야 한다.

A=2라 하고 식 ①에 대입하면 C=6, 식 ③식에 대입하면 D=3이다.

A=4라 하고 식 ①에 대입하면 C=7, 식 ③에 대입하면 D=5이다.

A=6이라 하고 식 ①에 대입하면 C=8, 식 ③에 대입하면 D=7이다.

A=8이라 하고 식 ①에 대입하면 C=9이므로 B=9라는 사실에 모순된다.

따라서 위 식을 만족하는 해는 다음과 같다.

```
  2 9 6        4 9 7        6 9 8
+   9 6      +   9 7      +   9 8
  3 9 2        5 9 4        7 9 6
```

문제의 식 (1)과 (2)에서 (네 자리 수)−(세 자리 수)=(세 자리 수)이므로 N=1임을 알 수 있고 I−T<0이고 I−O<0이므로 I<O, I<T임을 알 수 있다. 식 (2)에서 E−E=L이고 N−N=L이므로 L=0임을 알 수 있다. 이것을 주어진 식에 대입하면 다음과 같다.

```
  1 I 1 E            1 I 1 E
−   T E 1          −   O 1 E
    T W O              A 0 0
     (3)                (4)
```

식 (3)과 (4)의 백의 자리 계산에서 10+I=2T>10, 10+I=A+O>10이므로 T>5이다.

T=5라면 I는 0이어야 하는데 이는 L과 중복되므로 T는 6이상이어야 한다. T=9라고 하면 I=8이 되고 10+I=A+O에서 A와 O도 9이어야 하므로 T≠9이다. T가 7 또는 8인 경우에도 성립하지 않는다. 그러므로 T는 6이어야 하고 I=3이다. 이것을 대입하면 (2)의 백의 자리 계산 13−O=A를 만족하는 A와 O는 9와 4 또는 5와 8의 두 가지 경우만 존재한다. 각각의 O를 대입해보면 O=8일 때 E=9, W=2, A=5인 경우만 성립한다.

```
  1 3 1 9          1 3 1 9
-   6 9 1        -   8 1 9
    6 2 8            5 0 0
```

C×A의 계산 결과 일의 자리 수가 A가 되고 C×B의 계산 결과 일의 자리 수가 B가 된다는 사실로부터 다음과 같은 두 가지의 경우가 존재한다.

(1) C=1

(2) C=6이고 A와 B는 2, 4, 6 또는 8이어야 한다.

ABC×C의 계산결과 네 자리 수이므로 C는 1이 될 수가 없다. 그러므로 C=6이다.

ABC×A의 계산결과 세 자리 수이므로 A는 2이다.

ABC×B의 계산결과 네 자리 수인데 246×4는 세 자리 수이므로 B는 4가 될 수 없다. 그러므로 B는 8이다.

따라서 구하고자 하는 답은 $286 \times 826 = 236236$이다.

좀 더 쉽게 설명하기 위하여 다음 식과 같이 몇 개의 빈칸을 문자로 표시하자.

```
                A B
  7 C D ) 8 □ □ □
          E □ 3
          F □ □ □
          □ □ 6 □
                0
```

MATH PUZZLE ANSWER

우선, 제수가 700(7CD)보다 더 크므로 몫의 십의 자리 A는 1임에 틀림없다. 따라서 이것은 7CD×A의 계산결과 세 자리 수(E□3)가 되어야 하므로 D=3이고 E=7이다.

```
              1 B
  7 C 3 ) 8 □ □ □
           7 □ 3
           F □ □ □
             □ □ 6 □
                   0
```

8□□ − 7C3의 계산결과 세 자리 수가 생성되므로 F=1이고 10≤7×B≤19이므로 B=2이다.

B×C=2×C의 계산결과 일의 자리가 6이 되므로 2×3과 2×8의 두 경우가 존재한다. C=8이라고 하면, 12×783은 8000보다 더 큰 9396을 생성하므로 불가능하다. 따라서 C=3이다. 위의 숫자를 대입하여 계산하면 다음과 같은 식을 얻을 수 있다.

```
              1 2
  733 )  8 7 9 6
          7 3 3
          1 4 6 6
          1 4 6 6
                0
```

이해를 돕기 위하여 각각의 골프공에 ①부터 ⑫번까지 번호를 붙이고 그 공들이 규격품으로 판명이 될 때는 ⓪이라고 하자.

단계	왼쪽	오른쪽
1	①②③④	⑤⑥⑦⑧
2-1	⓪⑨	⑩⑪
2-2	⓪⑥③	⑤②⑦
3-1	⓪	⑫
3-2	⑩	⑪
3-3	⑩	⑪
3-4	①	④
3-5	⑤	⑦
3-6	⓪	②

세 가지 수 -1, 0, 1을 세 번씩 사용하여 만들 수 있는 수는 -3부터 3까지 오직 7가지 수만 존재하므로 각각의 행, 열과 대각선을 따라 만든 수 8개 중에서 두 수는 반드시 같다.

주어진 문제에 의하면 적어도 세 학생은 6(=1+2+3) 문제를 풀었다. 그러므로 학생들이 푼 총 35문제 중 남아 있는 7명의 학생이 푼 문제는 29문제이다. 각각의 학생이 4문제씩 풀었다고 하면 28문제를 푼 것이 되므로 적어도 5문제를 푼 학생은 반드시 존재한다.

MATH PUZZLE ANSWER

1부터 20까지의 수를 10개의 서로 다른 집합으로 나누는데 같은 집합 안에 있는 두 수를 선택하였을 때, 선택된 두 수 중 하나가 다른 하나로 나누어떨어지도록 다음과 같이 묶을 수 있다.

{11}, {13}, {15}, {17}, {19}, {1, 2, 4, 8, 16},
{3, 6, 12}, {5, 10, 20}, {7, 14}, {9, 18}

각각의 집합을 비둘기 집이라고 하면 20보다 작거나 같은 11개의 수를 비둘기 집에 넣는데 반드시 한 곳에는 두 수가 들어가야 한다. 이때 두 수 중 하나가 다른 하나를 나눌 수 있게 집어넣으면 된다.

모든 정수는 $2^k \cdot a$ ($k \geq 0$, a는 홀수)의 형태로 표현할 수 있다. 1에서 200까지의 각각의 수를 위의 형태로 바꿔 표현하면 a는 1, 3, 5, …, 199 중의 하나이다. 여기서 101개를 뽑으면 같은 a를 가지는 두 수가 존재한다. 그것을 $p = 2^k \cdot a$와 $q = 2^s \cdot a$ ($r \leq s$)라 하면 q는 p로 나누어떨어진다.

아홉 자리 자연수 중 처음 여덟 번째 자리까지의 수를 임의로 선택할 수 있다. 이렇게 선택할 수 있는 방법은 9×10^7 가지가 존재한다. 그 다음 마지막 자리 수를 선택할 수 있는 방법은 항상 5가지만 존재한다. 왜냐하면 이전에 선택했던 여덟 번째 자리까지의 수의 합이 홀수라고 하면 마지막 자리 수는 짝수를 만들기 위해 홀수(1, 3, 5, 7, 9)여야 하고, 이전에 선택했던 여덟 번째 자리까지의 수의 합이 짝수라고 하면 마지막 자리 수는 짝수여야 하기 때문이다. 따라서 아홉 자리 자연수 중 각 자리에 있는 숫자를 모두 더했을 때 짝수가 되는 수는 모두 450000000개가 존재한다($9 \times 10^7 \times 5 = 450000000$).

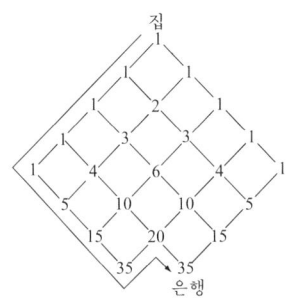

이때 마지막에 한 번은 거슬러 올라가야 하므로 총 36가지이다.

MATH PUZZLE ANSWER

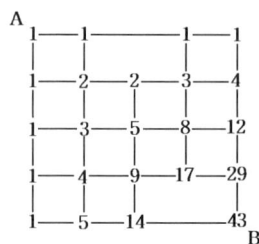

따라서 A지점에서 B지점으로 가는 경로의 수는 43가지이다.

점에 연결된 변의 개수가 홀수인 점(홀수점)을 끝점이라고 하자. 그림에 2개의 끝점이 존재하면 한 점은 출발점이고 다른 한 점은 도착점이다. 그림에 끝점이 하나도 존재하지 않으면 어떤 점에서 시작하더라도 그 점에서 끝나게 된다.

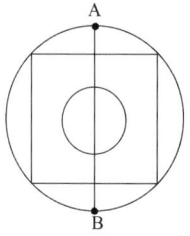

그림과 같이 끝점 A(또는 B)에서 출발하면 다른 끝점 B(또는 A)에서 그림을 끝낼 수 있다.

060 ANSWER

다음과 같이 (1), (2), (4), (5)에서 모든 벽에 있는 문을 단 한 번씩만 지나서 통과할 수 있다.

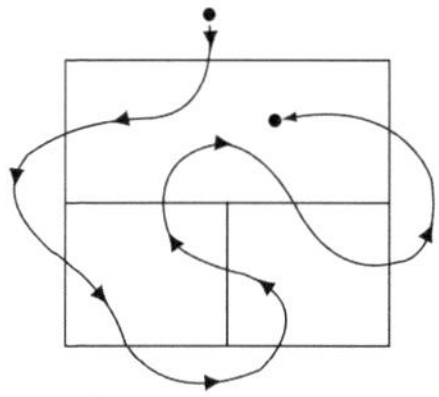

(1)

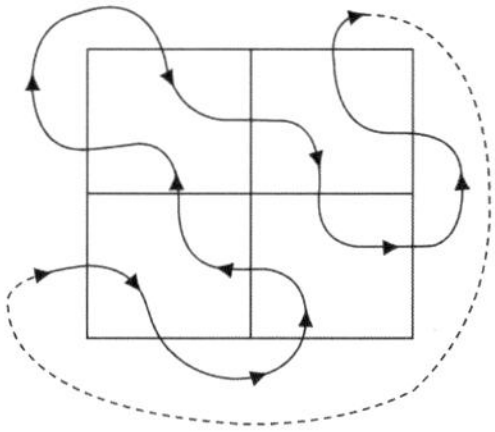

(2)

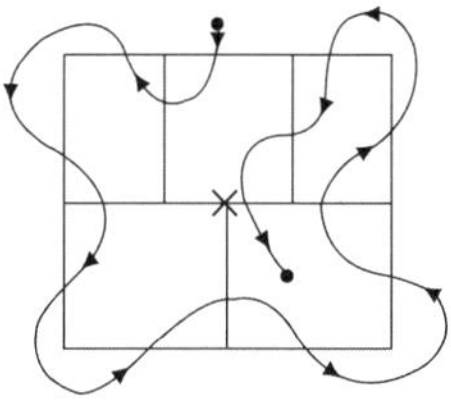

(3)

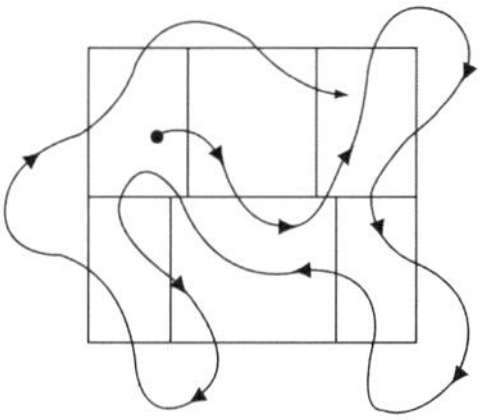

(4).

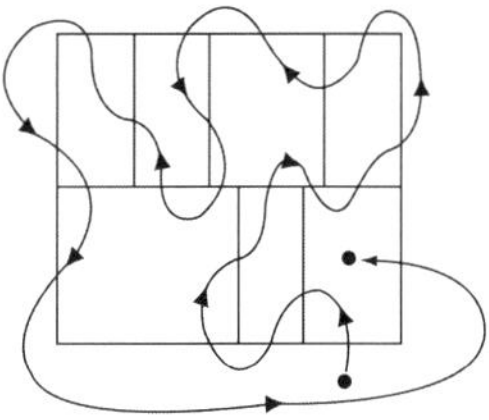

(5)

MATH PUZZLE ANSWER

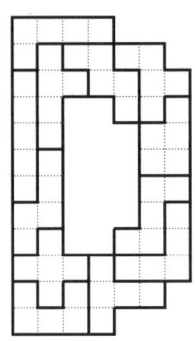

2339가지 방법이 존재하는데 다음은 그중 세 가지이다.

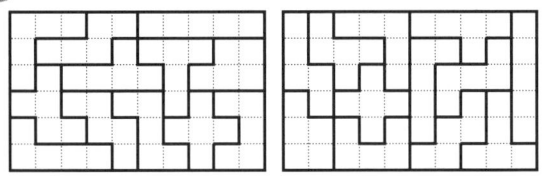

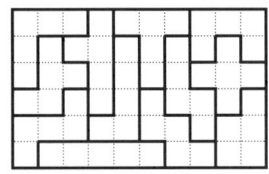

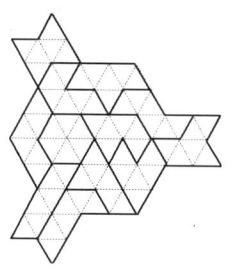

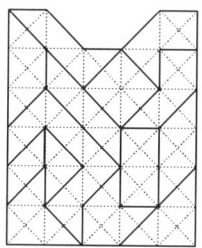

MATH PUZZLE **ANSWER**

답	식	답	식
0	||−|−||+|=0	3	|||+||−||=3
0	|−||+||−|=0	3	||+|−|+| =3
1	|+|−||+| =1	3	|−|+||+| =3
1	|||−||+|=1	3	|||−||+||=3
1	|−||+|+| =1	3	||||−||+|=3
1	|||+|−|||=1	3	||−|+||+| =3
2	|||−|−|+|=2	3	|+|+||−| =3
2	||−|+||−|=2	3	|||+||−||=3
2	|||+|−|−|=2	3	|−||+||||=3
3	||||−||+|=3	4	|+|+|+| =4

답	식	답	식
5	|||+|||−|=5	6	|||+|+|| =6
5	||−|+||||=5	6	|+|+|||| =6
5	|||+|||−|=5	7	|||||+|− =7
5	||||+||−|=5	8	||||||+| =8
6	|+||||+| =6	8	||||||+|| =8
6	||+|||+| =6	8	||||+|||| =8
6	||||+|+| =6	8	|||+||||| =8

다음과 같은 순서로 재배열하면 된다.

시작	○	○	○	○	○	○	●	●	●	●	●	●		
	1	2	3	4	5	6	7	8	9	10	11	12		
1단계	○			○	○	○	●	●	●	●	●	●	○	○
	1			4	5	6	7	8	9	10	11	12	2	3
2단계	○	●	●	○	○	○	●			●	●	●	○	○
	1	8	9	4	5	6	7			10	11	12	2	3
3단계	○	●	●			○	●	○	○	●	●	●	○	○
	1	8	9			6	7	4	5	10	11	12	2	3
4단계	○	●	●	○	●	○	●	○			●	●	○	○
	1	8	9	5	10	6	7	4			11	12	2	3
5단계	○	●	●	○	●	○	●	○	●	○	●			○
	1	8	9	5	10	6	7	4	12	2	11			3
6단계		●	○	●	○	●	○	●	○	●	○	●	○
		9	5	10	6	7	4	12	2	11	1	8	3

 바둑돌과 바둑돌의 위치를 다음과 같이 표기하자.

A	B	C		X	Y	Z
1	2	3	4	5	6	7

다음의 순서로 바둑돌을 이동시키면 된다.

순서	바둑돌	현위치	이동	순서	바둑돌	현위치	이동
1	C	3	4	9	Z	7	5
2	X	5	3	10	C	6	7
3	Y	6	5	11	B	4	6
4	C	4	6	12	A	2	4
5	B	2	4	13	Y	3	2
6	A	1	2	14	Z	5	3
7	X	3	1	15	A	4	5
8	Y	5	3				

이 문제는 문제의 역순으로 풀어 가면 쉽게 풀 수 있다. 먼저 10 위에 9를 올려놓은 다음 아래 있는 10을 9 위로 올려놓는다. 그 다음 10 위에 8을 올려놓은 다음 맨 아래에 있는 9를 8 위에 올려놓는다. 이러한 과정을 2까지 반복한 뒤, 제일 마지막에 남아 있는 1을 쌓여 있는 카드의 맨 위에 올려놓은 다음 가장 아래 있는 카드를 1의 위에 올려놓으면 된다.

모든 고리에 1부터 23까지 번호를 붙이자. 2번, 6번, 17번 고리만 끊으면 총 23종류의 사슬을 만들 수 있다. 2번 고리를 끊으면 1개짜리 사슬(1번, 2번) 두 개를, 6번 고리를 끊으면 3개짜리 사슬(3번~5번)을, 17번 고리를 끊으면 6개짜리 사슬(18번~23번)과 12개짜리 사슬(6번~17번)을 얻을 수 있다. 이 고리(다음 표의 '준비물')를 가지고 총 23종류의 사슬(다음 표의 '목표')을 만들 수 있다.

준비물 목표	끊어진 고리	3개짜리	6개짜리	12개짜리
1개짜리 사슬	1개			
2개짜리 사슬	2개			
3개짜리 사슬		1개		
4개짜리 사슬	1개	1개		
5개짜리 사슬	2개	1개		
6개짜리 사슬			1개	
7개짜리 사슬	1개		1개	
8개짜리 사슬	2개		1개	

MATH PUZZLE ANSWER

목표 \ 준비물	끊어진 고리	3개짜리	6개짜리	12개짜리
9개짜리 사슬		1개	1개	
10개짜리 사슬	1개	1개	1개	
11개짜리 사슬	2개	1개	1개	
12개짜리 사슬				1개
13개짜리 사슬	1개			1개
14개짜리 사슬	2개			1개
15개짜리 사슬		1개		1개
16개짜리 사슬	1개	1개		1개
17개짜리 사슬	2개	1개		1개
18개짜리 사슬			1개	1개
19개짜리 사슬	1개		1개	1개
20개짜리 사슬	2개		1개	1개
21개짜리 사슬		1개	1개	1개
22개짜리 사슬	1개	1개	1개	1개
23개짜리 사슬	2개	1개	1개	1개

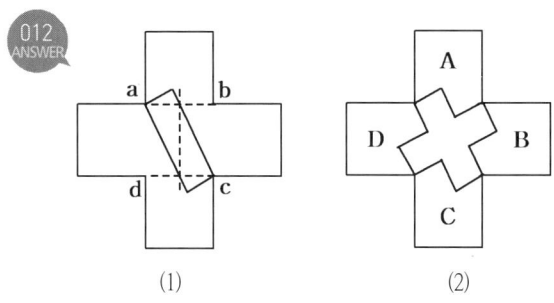

(1)   (2)

(1)과 같이 점 a에서 선분 cd의 중점까지 직선을 긋는다. 또한 점 c에서 선분 ab의 중점까지 직선을 긋는다. 그 다음 이미 그려진 직선을 가지고 직사각형을 만들자(자세한 내용은 위의 그림을 참고하라). 점 b에서 선분 ad로, 점 d에서 선분 bc로 다시 직선을 그리면 또 다른 직사각형을 만들 수 있다. 그러면 (2)와 같은 십자가를 만들 수 있다. (2)의 A, B, C, D 4조각을 짜맞추면 정사각형이 된다.

도형의 넓이는 $9+1=3\times3+1\times1=10$이므로 10제곱 단위이다.

주어진 도형을 다음의 왼쪽 그림과 같이 점 A에서 점 B까지, A에서 C까지 절단하면 조각 1, 조각 2, 조각 3으로 나뉜다. 그리고 각각의 조각들을 다음의 순서로 짜맞추면 된다. 다음 오른쪽 그림과 같이 조각 1이 새로운 정사각형의 아래 부분이 되도록 조각 1을 시계방향으로 72°회전시키자. 그 다음 조각 2가 새로운 정사각형의 왼쪽 위 부분이 되도록 조각 2를 시계방향으로 18°회전시키자. 마지막으로 조

MATH PUZZLE ANSWER

각 3이 새로운 정사각형의 오른쪽 부분이 되도록 조각 3을 시계방향으로 108°회전시키자.

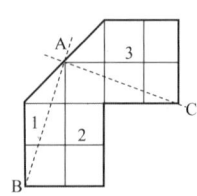 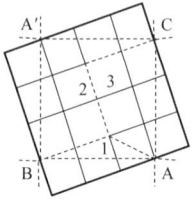

$$1^2 + 3^2 = (\sqrt{10})^2$$

 다음 그림과 같이 점 A에서 B까지 직선을 그리고 그 직선을 따라 종이를 자른다. 점 C에서 D까지 또 다른 직선을 그린 후 그 직선을 따라 종이를 오린다. 그 다음 직선 AB의 중점에서 직선 CD의 중점까지 종이를 다시 오린다.

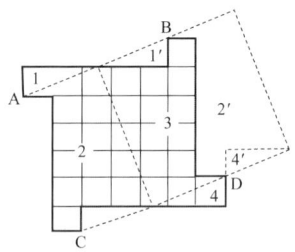

위의 그림과 같이 원래 종이에서 오린 1번, 2번, 4번 조각을 새로운 위치 1′, 2′, 4′에 차례로 맞추고 3번 조각은 그대로 두면 새로운 정사각형을 만들 수 있다.

사각형의 위치를 (행,열)로 표시하자.

각 부분은 9개의 정사각형으로 이루어져야 하고 A, B, C를 각각 하나씩 포함해야 하므로 인접해 있는 동일한 문자는 분리되어야 한다. 다음 그림과 같이 굵은 선으로 분리하자.

		A	A	A	
		B	B	C	C
	A		B		
				B	
C	C				

A(2,4)와 B(3,4)가 가장 안정된 쌍인데, 이것은 오직 C(3,5) 또는 C(3,6)을 취할 수 있는데 C(3,6)은 너무 멀리 떨어져 있으므로 C(3,5)를 취하자. 필요한 A, B, C가 결정되었으므로 나머지 6개의 정사각형은 쉽게 선택할 수 있다.

		A	A	A	
		B	B	C	C
	A		B		
				B	
C	C				

MATH PUZZLE ANSWER

a, d, B, D의 위치가 각각의 6×6 정사각형에서 2개의 같은 모양이 대각선으로 대칭이라는 것을 발견할 수 있다. 이것은 2등분한 한 개의 조각을 180° 회전시켰을 때 두 조각이 정확히 일치한다는 것을 의미한다.

1. [그림 1]의 왼쪽 그림에서 2개의 문자 a를 분리하기 위해 (5,1)과 (5,2) 사이에 굵은 선을 그은 후 서로 대칭이므로 (2,5)와 (2,6) 사이에 굵은 선을 긋는다. 또한, 오른쪽 그림의 문자 A를 분리하기 위해 (3,3)과 (4,3), (3,4)와 (4,4) 사이에 굵은 선을 긋는다.

		b	b		d
d				c	
a	a			c	

B		D			
B					
		A	C	C	
		A			
				D	

[그림 1]

2. [그림 1]의 왼쪽 그림에서 문자 b를 분리하기 위해 (2,3)과 (2,4) 사이에 굵은 선을 그은 후, (5,3)과 (5,4) 사이에 굵은 선을 긋는다. [그림 1]의 오른쪽 그림에서 문자 B를 분리하기 위해 (1,1)과 (2,1) 사이에 굵은 선을 그은 후, (5,6)과 (6,6) 사이에 굵은 선을 긋는다.

3. [그림 2]의 왼쪽 그림에서 문자 c를 분리하기 위해 (4,5)와 (5,5) 사이에 굵은 선을 긋고, (2,2)와 (3,2) 사

이에 굵은 선을 긋는다. [그림 2]의 오른쪽 그림에서 문자 C를 분리하기 위해 (3,4)와 (3,5) 사이에 굵은 선을 그은 후, (4,2)와 (4,3) 사이에 굵은 선을 긋는다.

		b	b		d
d				c	
a	a			c	

B		D			
B					
		A	C	C	
		A			
		D			

[그림 2]

		b	b		d
d				c	
a	a			c	

B		D			
B					
		A	C	C	
		A			
		D			

[그림 3]

4. 각각의 6×6 정사각형을 모양과 크기가 같게 2등분해야 하므로 [그림 3]의 왼쪽과 오른쪽의 그림을 하나로 합쳐 생각해 보자.

MATH PUZZLE ANSWER

B		D			
B		b	b		d
		A	C	C	
d		A		c	
a	a			c	
		D			

[그림 4]

대칭이므로 (1,3)의 D에 대해 D′를 (6,4), (6,3)의 D에 대해 D′를 (1,4), (2,6)의 d에 대해 d′를 (5,1)(이것은 같은 위치에서 a와 겹쳐짐), (4,1)의 d에 대해 d′를 (3,6)에 놓을 수 있다([그림 5]). 하나의 모양에 포함되는 문자를 표시하기 위하여 (1,1), (1,3), (1,4), (2,6)와 (3,6)의 위치에 있는 문자 B, D, D′, d와 d′ 위에 사선을 긋자([그림 6]).

B		D	D′		
B		b	b		d
		A	C	C	d′
d		A		c	
a	a			c	
		D	D′		

[그림 5]

B		D	D′		
B		b	b		d
		A	C	C	d′
d		A		c	
a(d′)	a			c	
		D	D′		

[그림 6]

5. 2등분한 각 조각에는 a, b, c, d 또는 A, B, C, D를 반드시 포함해야 하고 한 조각을 180° 회전시켰을 때 두 조각이 정확히 일치한다고 했으므로 위쪽과 오른쪽에

회색을 칠해 구분하자. [그림 7]에서 (4,5)와 (5,5)에 있는 c와 대칭인 c′를 (2,2)와 (3,2)에, (5,2)의 a와 대칭인 a′를 (2,5)에 놓을 수 있다. (5,1)과 (5,2)에 있는 a는 서로 다른 부분에 포함되어야 하므로 (5,2)에 있는 a를 회색으로, (2,5)의 a′는 검은색으로 칠해야 한다 ([그림 8]).

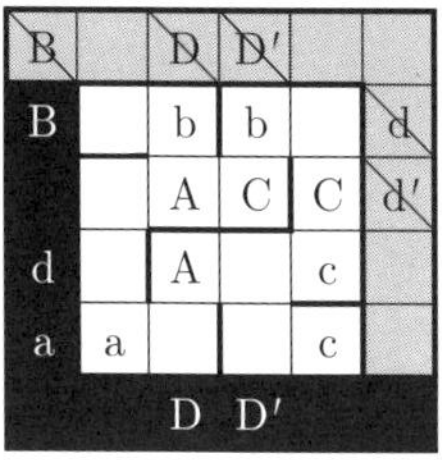

[그림 7] 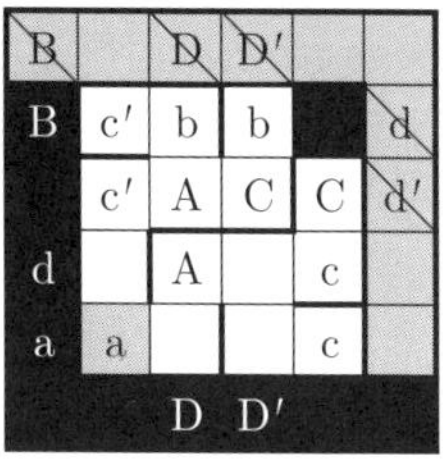   [그림 8]

6. (5,2)에 있는 a는 같은 색끼리 연결되어 있어야 하므로 (2,3), (3,3), (3,2), (4,2)가 회색 부분에 포함돼야 한다.

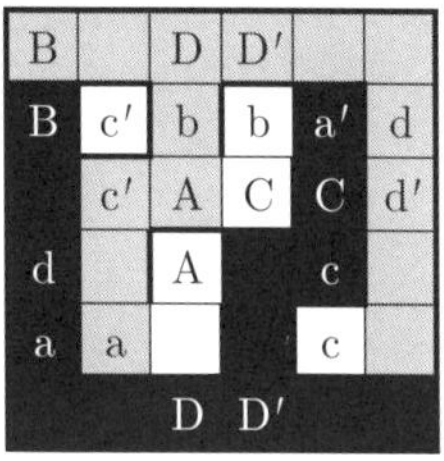

같은 문자는 다른 부분에 포함되어야 하므로 다음 그림과 같은 답을 구할 수 있다.

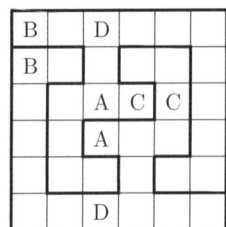

017 ANSWER 이 게임에서의 이기는 상황은 두 묶음이 모두 홀수 개의 사탕이 되도록 하는 것이다. 따라서 첫 번째 사람이 21개의 묶음에서 사탕을 먹고 20개의 묶음을 홀수 개의 두 묶음으로 나누면 이긴다.

018 ANSWER 이 게임은 숫자 1을 쓰는 사람이 이기게 된다. 만약에 첫 번째 사람이 홀수를 쓰는 것이 이기는 상황이란 것을 알게 되면 첫 번째 사람이 이기게 된다.

019 ANSWER 첫 번째 사람이 3, 7, 15, 31, 62, 125, 250, 500을 만들면 이긴다.

작은 정사각형의 한 변의 길이가 1이라고 했으므로 작은 정사각형의 넓이는 1이 된다. 따라서 작은 정사각형 5개로 이루어진 십자 모양의 도형의 넓이는 5가 된다. 십자 모양의 도형을 잘라 큰 정사각형이 되도록 배열해도 결국 넓이는 변하지 않기 때문에 큰 정사각형의 넓이는 5가 된다. 즉, 큰 정사각형의 한 변의 길이는 $\sqrt{5}$ 가 된다.

피타고라스 정리를 통해 두 변의 길이가 1과 2인 직각삼각형의 빗변의 길이가 $\sqrt{5}$ 가 된다는 사실을 알 수 있다. 십자 모양의 도형에서 $\sqrt{5}$ 인 선분이 발견되면 그 다음은 약간 더 연구해서 조합하면 문제를 쉽게 해결할 수 있다. 예를 들어 다음의 (1)과 (2)를 살펴보면 (2)는 자르는 횟수가 2번이고 이것은 최소한의 횟수이므로 훌륭한 해답이 된다. 한편 그림 (1)은 대칭으로 자르는 법이라서 이해하기 쉽지만 네 번 잘라야 한다.

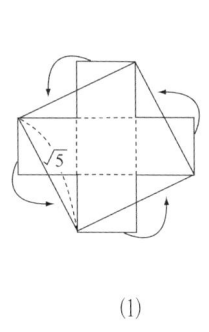

(1)

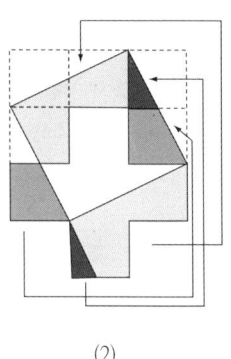

(2)

피타고라스 정리를 이용하면, 밑변 A의 제곱에 높이 B의 제곱을 더하면 빗변 C의 제곱이 된다는 것을 알 수 있다(직각삼각형인 경우). C의 제곱이 13이라고 하면 A는 3, B는 2가 될 수 있어서 3의 제곱(9) 더하기 2의 제곱(4)은 13이 된다. 즉,

$$C^2 = A^2 + B^2$$
$$= (A-B)^2 + 2 \times A \times B$$
$$= 1^2 + 4 \times (1/2 \times 3 \times 2)$$

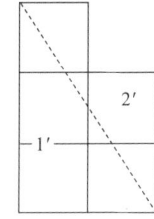 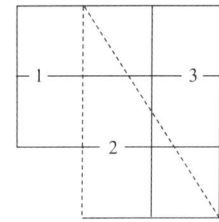

새로운 정사각형은 중앙에 1단위의 작은 정사각형이 있고 작은 정사각형 주변에 3단위의 삼각형 4개가 둘러싸여 있다. 자세한 내용은 그림을 참고하여라.

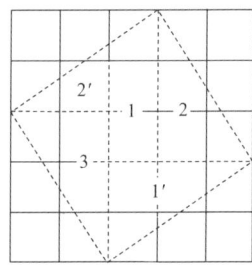

다음 그림처럼 조각을 위쪽과 왼쪽으로 모으면, 회색 부분 이외의 부분은 한 변의 길이가 8cm인 정삼각형이 된다.

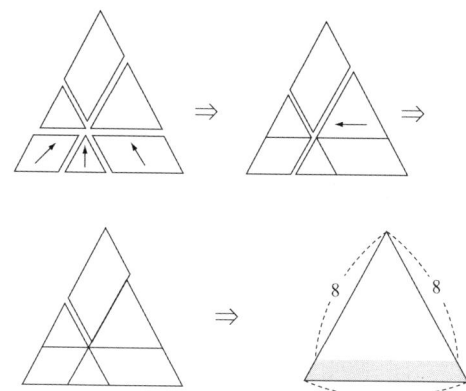

따라서 전체 넓이에서 정삼각형의 넓이를 빼면 회색 부분의 넓이가 나온다.

한 변의 길이가 a인 정삼각형의 넓이는 $\frac{\sqrt{3}}{4}a^2$이므로,

$$\frac{\sqrt{3}}{4}10^2 - \frac{\sqrt{3}}{4}8^2 = 9\sqrt{3}\,(\text{cm}^2) \fallingdotseq 16(\text{cm}^2)$$

$07 \div 14 + 269 \div 538 = 1$ $09 \div 18 + 327 \div 654 = 1$
$09 \div 18 + 273 \div 546 = 1$ $13 \div 26 + 485 \div 970 = 1$
$15 \div 30 + 486 \div 972 = 1$ $16 \div 32 + 485 \div 970 = 1$
$27 \div 54 + 309 \div 618 = 1$ $27 \div 54 + 093 \div 186 = 1$

$$29 \div 58 + 307 \div 614 = 1 \quad 29 \div 58 + 073 \div 146 = 1$$
$$31 \div 62 + 485 \div 970 = 1 \quad 35 \div 70 + 148 \div 296 = 1$$
$$35 \div 70 + 481 \div 962 = 1 \quad 38 \div 76 + 145 \div 290 = 1$$
$$38 \div 76 + 451 \div 902 = 1 \quad 46 \div 92 + 185 \div 370 = 1$$

뒤에 오는 수는 앞에 있는 수의 각 자리 수를 제곱한 뒤 더한 수와 같다. 즉,

$7 \times 7 + 2 \times 2 = 53, \quad 5 \times 5 + 3 \times 3 = 34, \quad 3 \times 3 + 4 \times 4 = 25$

따라서 구하고자 하는 수는 $2 \times 2 + 5 \times 5 = 29$,
$2 \times 2 + 9 \times 9 = 85$이다.

1. 1부터 9까지 모든 수의 합은 45이고 5와 7 사이의 수의 합이 31이라고 했으므로 5와 7의 바깥쪽에 있는 수는 2뿐이다($45 - 31 - 5 - 7 = 2$). 그러므로 25□□□□□7과 27□□□□□5인 두 가지 경우가 존재할 수 있다.

(1) 먼저 27□□□□□5인 경우, 2와 8 사이에는 4개의 수가 존재한다고 했으므로 다음과 같이 쓸 수 있다.

27□□□8□□5

2와 8 사이의 네 수의 합이 20이라고 했으므로 7과 8 사이에 들어 갈 세 수의 합은 13이다. 나머지 수 중 세 수의 합이 13인 수는 3, 4, 6과 1, 3, 9뿐이다.

i) 세 수의 합이 1, 3, 9인 경우 5와 8 사이에는 4와 6

이 들어간다. 그러나 4와 6 사이에 들어갈 수가 존재하지 않으므로 1, 3, 9는 아니다.

ii) 세 수의 합이 3, 4, 6인 경우 5와 8 사이에는 1과 9가 들어가고 4와 9 사이의 수의 합이 8이라고 했으므로 4와 9 사이에는 8이 들어간다.

27□□48915

마지막으로 4와 6 사이에는 적어도 하나의 수가 존재한다고 했으므로 첫 번째 빈칸에는 4가 들어가야 하고 두 번째 빈칸에는 3이 들어가야 한다. 따라서 다음과 같은 2가지 해가 존재한다.

276348915 또는 519843672

(2) 25□□□□□7인 경우, 위와 같은 방법으로 구해보면 답이 아님을 알 수 있다.

두 개의 네 자리 수의 합이 다섯 자리 수라는 것은 천의 자리에서 1이 받아올림된 것을 의미하므로 M = 1이다.

$$\begin{array}{r} SAVE \\ +\,1\,ORE \\ \hline 1\,ONEY \end{array}$$

위의 식으로부터 다음과 같은 식을 유도할 수 있다.

MATH PUZZLE ANSWER

$$2E = 10x + Y (x=0 \text{ 또는 } x=1) \quad \cdots \text{①}$$
$$2E = 10x + Y (x=0 \text{ 또는 } x=1) \quad \cdots \text{②}$$
$$2E = 10x + Y (x=0 \text{ 또는 } x=1) \quad \cdots \text{③}$$
$$2E = 10x + Y (x=0 \text{ 또는 } x=1) \quad \cdots \text{④}$$

x, y, z는 각각 받아올림이 있는 경우와 없는 경우를 한꺼번에 나타낸 것이다.

(1) 식 ④에서 $z=1$이라고 하면 S=8, O=0 또는 S=9, O=1이다. 그런데 M=1이므로 S=8, O=0이다. 식 ③에 $z=1$, O=0을 대입하여 정리하면 (좌변)≤10, (우변)≥12이므로(O=0이고 N=1이므로) 모순이다. 따라서 $z=0$임을 알 수 있다.

(2) 식 ④에 $z=0$을 대입하면 S=9이고 O=0이다. 식 ③에 $z=0$, O=0을 대입하여 정리하면 y+A=N이다. 여기서 $y=0$이라고 하면 A=N이 되어 모순이므로 $y=1$이다.

(3) 식 ②에 $y=1$을 대입하면 x+V+R=10+E가 된다. 식 ②에서 $x=0$이라고 하면 V+R=10+E이고, 식 ①에서 2E=Y가 된다. $x=0$, $y=1$, $z=0$, M=1, O=0, S=9를 식 ①, ②, ③에 대입하여 정리하면 다음과 같은 식을 얻을 수 있다.

$$2E = Y \quad \cdots \text{⑤}$$
$$V + R = 10 + E \quad \cdots \text{⑥}$$
$$1 + A = N \quad \cdots \text{⑦}$$

남아 있는 수 중 식 ⑤에서 E와 Y를 만족하는 수의 순서쌍 (E,Y)는 (2,4), (3,6)과 (4,8)이다. 그러나 이 수들의 경우 식 ⑥과 ⑦을 만족하는 A와 N, V와 R의 조합이 존재하지 않으므로 $x \neq 0$이다.

(4) $x=1$, $y=1$, $z=0$, M=1, S=9, O=0을 식 ①, ②, ③에 대입하여 정리하면 다음과 같은 식을 얻을 수 있다.

$$2E = 10+Y \qquad \cdots ⑧$$
$$1+V+R = 10+E \qquad \cdots ⑨$$
$$1+A = N \qquad \cdots ⑩$$

남아 있는 수 중 식 ⑧을 만족하는 수의 순서쌍 (E,Y)는 (6,2), (7,4)와 (8,6)이다.

ⓐ E=7, Y=4와 E=8, Y=6인 경우 식 ⑨를 만족하는 V와 R의 조합은 존재하지 않는다.

ⓑ E=6, Y=2라고 하면 식 ⑨를 만족하는 V와 R의 조합은 7과 8뿐이다. 나머지 수 3, 4, 5 중 식 ⑩을 만족하는 순서쌍 (A,N)은 (3,4)와 (4,5)가 존재한다. 7과 8은 교환이 가능하므로 다음과 같은 네 가지의 해를 구할 수 있다.

```
   9 3 7 6        9 4 7 6        9 3 8 6        9 4 8 6
+  1 0 8 6     +  1 0 8 6     +  1 0 7 6     +  1 0 7 6
─────────      ─────────      ─────────      ─────────
  1 0 4 6 2      1 0 5 6 2      1 0 4 6 2      1 0 5 6 2
```

MATH PUZZLE ANSWER

A×7은 두 자리 숫자이므로 A는 2 이상이다.

(1) A = 2라고 하면 D = 6(D×7 = 42), E = 1이다. A×7 = 14이므로 B×7에서 2를 받아올림 하기 위해서 B = 3 또는 B = 4 이어야 한다. 그런데 이 경우 C×7의 계산 결과 일의 자리 수를 만족하는 C가 존재하지 않으므로 B ≠ 3, B ≠ 4이다. 따라서 A ≠ 2이다.

(2) A = 3이라고 하면 D = 9(D×7 = 63)이어야 한다. 이때 A×7 = 21이므로 ED = 29가 되기 위해 B×7에서 8을 받아올림 해야 하는데 B는 한 자리 수이므로 A ≠ 3이다.

(3) A = 4라 하면 D = 2(D×7 = 14)이어야 한다. A×7 = 28이므로 ED = 32가 되기 위해 B×7에서 4를 받아올려야 한다. 따라서 B = 6 또는 B = 7이다. B = 7이라고 하면 BA = 74가 되기 위해 C×7 = 56이 되어야 한다. 그러나 4782×7 ≠ 32874이므로 B ≠ 7이다. B = 6이라고 하면 C×7 = 35가 되기 위해 C는 5가 되어야 한다. 따라서 4652×7 = 32564이므로 4652가 이 문제의 답이다.

(4) A = 5, A = 6, A = 7, A = 8, A = 9인 경우 위와 같은 방법으로 계산했을 때 이를 만족하는 B가 존재하지 않으므로 해가 될 수 없다.

위의 결과로부터 이 문제의 유일한 답은 4652×7 = 32564 이다.

$$\begin{array}{r} 4652 \\ \times \quad 7 \\ \hline 32564 \end{array}$$

좀 더 쉽게 설명하기 위하여 다음과 같이 몇 개의 빈칸을 문자로 표시하자.

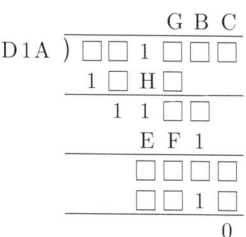

A×B의 계산결과 일의 자리 수가 1이므로 1×1, 3×7과 9×9의 세 가지 경우만이 존재한다.

(1) A×B=1×1이라고 하면 D11×C=□□1□이므로 C=1이 되어야 한다. 그런데 D11×1의 계산결과는 네 자리 수가 될 수 없으므로 A×B≠1×1이다.

(2) A×B=9×9라고 하면 D19×9의 계산결과는 세 자리 수가 되므로 A×B≠9×9이다.

(3) A=3, B=7이라고 하면 D1A×B=D13×7의 계산결과는 세 자리 수이므로 D=1, D1A×C=113×C의 계산결과는 네 자리 수이므로 C=9이다(113×9=1017). 그러나 D1A×B=113×7=791이므로 E=7, F=9가 되어야 하는데 11□□−791=101이 성립하지 않으므로 A=7, B=3이다.

(4) D17×C≤11□□이므로 D=3임을 알 수 있다.
D1A×B=317×3=951이므로 E=9, F=5를 얻을 수 있다.

(5) H열의 위와 아래 숫자가 1이므로 H는 0 또는 9이어야만 한다. 그리고 317×G의 계산결과는 네 자리 수이므로 C와 G는 3보다 큰 수이다. 317에 4부터 9까지 수를 각각 곱하면 십의 자리 숫자로부터 G = 6, C = 7, H = 0을 얻을 수 있다.

따라서 다음과 같은 해를 구할 수 있다.

```
              637
317 ) 201929
      1902
      1172
       951
      2219
      2219
         0
```

비둘기 집의 원리를 이용해 이 문제를 풀기 위하여 먼저 비둘기 집의 수를 구하자. 문제에서 모든 회원이 10명의 후보자 가운데서 2명에게만 투표할 수 있다고 했으므로 모두 몇 가지 서로 다른 투표방법이 존재하는가가 이 문제를 푸는 열쇠이다.

모든 회원이 10명의 후보자 가운데서 1명에게 투표하는 방법은 10가지가 존재하고, 남은 후보자 9명 가운데 1명에게 투표하는 방법은 9가지가 존재하므로 모두 10×9 = 90가지 투표방법이 있다.

후보자 10명 가운데서 A에게 투표한 다음, 남은 9명 가운에서 B에게 투표하는 방법과 B에게 투표한 다음 A에게 투표하는 방법은 서로 같은 방법이므로 서로 다른 투표방법은 10×9/2가지뿐이다. 45가지 서로 다른 투표방법을 비둘기 집으로 간주하고, 회원을 비둘기로 보면 비둘기 집의 원리에 의하여 회원은 적어도 46명이 있어야 2명 또는 2명 이상의 회원이 같은 두 후보자에게 투표할 수 있다.

030 ANSWER

원형으로 배열되어 있는 수열을 a_1, a_2, $\cdots$, a_{10}이라 하자. 이웃한 세 수의 집합은 a_1, a_2, a_3, $\{a_2, a_3, a_4\}$, $\cdots$, $\{a_{10}, a_1, a_2\}$로 모두 10개이다. 각 부분집합의 원소의 합 10개를 모두 합하면 $a_1+a_2+\cdots+a_{10} = 1+2+\cdots+10 = 55$이고 a_i가 모두 세 번씩 들어 있으므로 $55 \times 3 = 165$이다.

각각의 집합의 원소들의 합의 평균은 $\frac{165}{10} = 16.5$이고 이 합들은 정수이며 모두 같지는 않으므로 평균보다 큰 수가 존재한다. 즉 세 수의 합이 적어도 17인 것이 있다.

031 ANSWER

x의 완전제곱수 x^2를 100으로 나누었을 때 x^2와 $(100-x)^2$은 같은 수의 나머지를 갖기 때문에 52개의 정수를 제곱해서 100으로 나누었을 때 두 개의 수는 반드시 같은 수의 나머지를 가져야만 한다. 이러한 두 수의 제곱의 차는 100의 배수가 되므로 100으로 나누어 떨어진다.

MATH PUZZLE ANSWER

20개의 공을 6개의 상자 안에 나누어 넣기 위해서는 일렬로 배열한 공들을 다음 그림과 같이 막대를 이용하여 6개의 그룹으로 분리해야만 한다. 첫 번째 그룹은 첫 번째 상자에 두 번째 그룹은 두 번째 상자에 넣으면 된다.

●●●|●●●●●|●|●●●●●●|●●●|●●●

따라서 각 상자에 공을 분배하는 방법의 수는 일렬로 배열한 공들 사이의 19개의 틈에 5개의 막대를 놓는 방법의 수와 같다. 각 상자 안에 적어도 공 한 개씩은 넣어야 한다고 했으므로 같은 틈에는 막대를 한 개씩만 놓아야만 한다. 그러므로 20개의 공을 각 상자에 분배하는 방법은 $_{19}C_5$가지가 존재한다.

앞의 문제와 같은 방식으로 25개의 물건(20개의 공과 5개의 막대)을 임의의 순서로 일렬로 배열한다고 생각해보자. 일렬로 배열된 공을 몇 개의 그룹으로 분리하는데, 첫 번째 막대의 왼쪽에 위치한 그룹은 첫 번째 상자에 넣는 것을, 첫 번째와 두 번째 막대 사이에 위치한 그룹은 두 번째 상자에 넣는 것을 의미하고, 두 개의 막대 사이에 공들이 없으면 비어 있는 상자를 의미한다. 그러므로 일렬로 배열된 공을 몇 개의 그룹으로 분리할 수 있는 모든 방법의 수는 20개의 공과 5개의 막대를 일렬로 배열할 수 있는 모든 방법의 수와 같다. 즉, 일렬로 배열하는 방법은 5개의 막대들의 위치에 의해 결정되므로 $_{25}C_5$가지가 존재한다.

사각형은 위의 왼쪽에 있는 꼭지점과 아래의 오른쪽에 있는 꼭지점들에 의해 정의할 수 있다. 표시가 된 상자를 포함하기 위해서는 위의 왼쪽에 있는 꼭지점은 p보다 작거나 같은 수를 가지고 있는 행과 q보다 작거나 같은 수를 가지고 있는 열 안에 있어야만 한다. 아래의 왼쪽에 있는 꼭지점은 p보다 크거나 같은 수를 가지고 있는 행과, q보다 크거나 같은 수를 가지고 있는 열 안에 있어야만 한다. 따라서 위의 왼쪽에 있는 꼭지점에 대해 $p \times q$개의 서로 다른 위치가 존재하고 아래의 왼쪽에 있는 꼭지점에 대해서는 $(m-p+1) \times (n-q+1)$개의 서로 다른 위치가 존재한다. 그러므로 표시가 된 상자를 포함하고 있는 사각형은

$$p \times q \times (m-p+1) \times (n-q+1)$$

개가 존재한다.

아래 그림을 참조하면 68가지가 나옴을 알 수 있다.

```
                    1
                1       1
            1       2       1
        1       3       3       1
            4       6       4
        4      10      10       4
           14      20      14
               34      34
```

MATH PUZZLE **ANSWER**

다$_1$	들	잠$_1$	들	다$_2$
들	잠$_5$	들	잠$_6$	들
잠$_4$	들	다$_5$	들	잠$_2$
들	잠$_8$	들	잠$_7$	들
다$_4$	들	잠$_3$	들	다$_3$

왼쪽 위 모퉁이의 '다$_1$'에서 시작하는 것부터 알아보자.
'다$_1$'에서 시작해서 '다$_1$'로 끝나는 것 중 '잠$_1$'을 지나는 것 1가지, '잠$_4$'를 지나는 것 1가지, '잠$_5$'를 지나는 것 2가지가 있으므로 '다$_1$'에서 시작해서 '다$_1$'로 끝나는 것은 6가지가 존재한다.

다음으로 '다$_1$'에서 시작해서 '다$_4$'로 끝나는 것 1가지, '다$_1$'에서 시작해서 '다$_2$'로 끝나는 것 1가지가 존재한다.

'다$_1$'에서 시작해서 '다$_5$'로 끝나는 것은 '잠$_1$'을 경유하는 것 1가지, '잠$_4$'를 경유하는 것 1가지, '잠$_5$'를 경유하는 것 4가지가 존재해서 6가지가 존재한다. 결국 '다$_1$'에서 시작하는 것은 14가지가 있다. '다$_2$', '다$_3$', '다$_4$'로 시작하는 것도 마찬가지로 14가지씩 존재한다.

'다$_5$'로 시작하는 것을 살펴보자. '다$_5$'에서 시작해서 '다$_1$', '다$_2$', '다$_3$', '다$_4$'로 끝나는 것은 각각 6가지씩 존재한다. 마지막으로 '다$_5$'로 시작해서 '다$_5$'로 끝나는 것 중 '잠$_1$', '잠$_2$', '잠$_3$', '잠$_4$'를 경유하는 것은 각각 1가지, '잠$_5$', '잠$_6$', '잠$_7$', '잠$_8$'을 경유하는 것은 각각 2가지가 존재해서 '다$_5$'로 시작하는 것은 $6 \times 4 + 1 \times 4 + 2 \times 4 = 36$가지가 존재한다. 따라서 전체 $14 \times 4 + 36 = 100$가지가 존재한다.

(1) p가 3보다 큰 소수라고 할 때 $p^2 - 1$이 3과 8의 배수임을 보이자.

$p^2 - 1 = (p-1)(p+1)$이다. p가 3보다 큰 소수라고 하면 p는 홀수이므로 $(p-1)$과 $(p+1)$은 둘 다 짝수이고 두 수 중 하나는 4의 배수이다. 따라서 $p^2 - 1$은 8의 배수이다.

또한, $(p-1)$, p, $(p+1)$은 연속된 세 정수이므로 이 중 하나는 3에 의해 나누어떨어진다. p가 3보다 큰 소수이므로 $(p-1)$와 $(p+1)$ 중 하나는 3의 배수이다. 그러므로 $p^2 - 1$은 3과 8의 배수이므로 24로 나누어떨어진다.

(2) p가 3보다 큰 소수라고 할 때 $p^2 - q^2$이 3과 8의 배수임을 보이자.

$p^2 - q^2 = (p-q)(p+q)$이다. p와 q가 3보다 큰 소수이므로 p와 q는 홀수이고 $(p-q)$와 $(p+q)$는 둘 다 짝수이다. 이 두 수 중 하나가 4의 배수임을 보이기 위해 두 수 모두가 4의 배수가 아니라고 가정하고 모순을 유도하자. 즉, 이 두 수를 4로 나눴을 때 나머지가 모두 2라고 하면 이 두 수의 합은 4로 나누어떨어진다. 반면에 이 두 수의 합은 $2p$이고 p가 홀수이므로 두 수의 합 $2p$는 4의 배수가 아니다. 이것은 두 수

의 합이 4로 나누어떨어진다는 사실에 모순이다. 따라서 $(p-q)$와 $(p+q)$ 중 둘 중 하나는 4의 배수이다.

이제 p^2-q^2이 3의 배수임을 보이자. p와 q는 3으로 나누었을 때 나머지가 같거나 또는 서로 다른 나머지를 가져야 한다. p와 q를 3으로 나누었을 때 나머지가 같은 경우 이 두 수의 차는 3으로 나누어떨어지고, p와 q를 3으로 나누었을 때 나머지가 서로 다른 경우 이 두 수의 합은 3으로 나누어떨어진다.

따라서 p^2-q^2은 3과 8에 의해 나누어떨어지므로 p^2-q^2은 24로 나누어떨어진다.

$n=1$이라고 하면 2^3+1은 3^2으로 나누어떨어진다. 수학적 귀납법을 사용하자. $2^{3^k}+1$이 3^{k+1}으로 나누어떨어진다고 가정하면

$$2^{3^{k+1}}+1 = \left(2^{3^k}\right)^3 + 1 = \left(2^{3^k}+1\right)\left((2^{3^k})^2 - 2^{3^k} + 1\right)$$

$(2^{3^k})^2 - 2^{3^k} + 1$이 3으로 나누어떨어짐을 보이자. 2^{3^k}는 3으로 나누었을 때 나머지가 2이므로 $(2^{3^k})^2 - 2^{3^k} + 1$을 3으로 나누었을 때 나머지가 0이 된다. 따라서 임의의 자연수 n에 대하여 $2^{3^n}+1$은 3^{n+1}으로 나누어떨어진다.

[그림 3]과 같이 체스보드의 각각의 정사각형에 1부터 9까지 번호를 붙이자.

1	4	7
2	5	8
3	6	9

[그림 3]

그런 다음 체스보드의 각 정사각형 칸을 하나의 점으로 표현하고 어떤 칸에서 다른 칸으로 나이트를 이동시킬 수 있을 때 그 점들 사이를 직선으로 연결하자. 그러면 나이트의 시작점과 끝점의 위치는 [그림 4]와 같다.

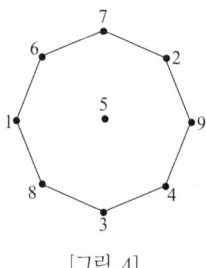

[그림 4]

팔각형 형태로 나타난 나이트의 이동경로에서 이동 순서는 바뀔 수가 없다. [그림 5]는 [그림 1]을 [그림 4]에 표현한 것이고 [그림 6]은 [그림 2]를 [그림 4]에 표현한 것이다. 따라서 [그림 1]과 같은 위치에서 [그림 2]와 같은 위치로

MATH PUZZLE ANSWER

나이트를 이동시킬 수가 없다.

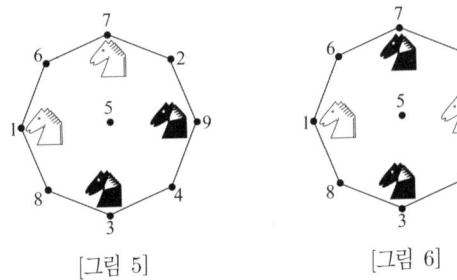

[그림 5]   [그림 6]

 어느 한 곳에서 나이트가 출발해서 모든 정사각형을 정확히 한 번씩만 지나서 처음 출발했던 곳으로 되돌아 올 수 있다. 아래 왼쪽 그림과 같이 체스보드의 각각의 정사각형에 1부터 12까지 번호를 붙이자. 그런 다음 체스보드의 각 정사각형을 점으로 표현하고 하나의 정사각형에서 다른 정사각형으로 나이트를 이동시킬 수 있다면 그 점들 사이를 직선으로 연결하자. 그러면 주어진 문제의 조건을 만족하는 아래 오른쪽 그림과 같은 나이트의 이동경로를 얻을 수 있다.

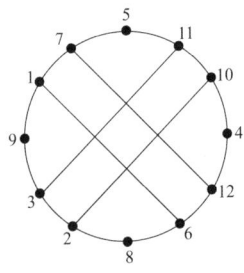

다음과 같이 검은색과 흰색으로 칠해보자.

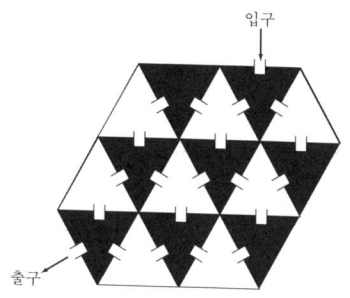

이 문제는 검은색 방에서 시작해서 검은색 방으로 나오게 되는데 검은색 방 옆은 흰색 방이고, 흰색 방 옆은 검은색 방이다. 그렇다면 모든 방을 지나서 밖으로 나오는 동안의 방 색깔의 순서는,

입구→▼→△→▼→△→▼→△→……→▼→△→▼→출구

가 된다. 검은색에서 시작해서 검은색으로 끝나고 그 중간은 검은색과 흰색이 반복된다.

입구→(▼→△)→(▼→△)→(▼→△)→……→(▼→△)
　　　→▼→출구

이렇게 괄호를 쳐보면 검은색과 흰색이 짝을 이루고 있고 마지막에 검은색 하나가 남은 것을 알 수 있다. 즉, 방을 전부 지나가기 위해서는 검은색 방이 흰색 방보다 1개 많아야 한다. 그러므로 문제와 같은 배치에서는 모든 방을 1번씩 통과하는 일은 불가능하다.

|| 저자 소개 ||

박형빈
공주사범대학 수학교육과 졸업
고려대학교 교육대학원 (교육학 석사)
전남대학교 대학원 (이학 석·박사)
미국 미시간주립대학교 방문 연구교사
목포대학교 자연과학대학장 역임
목포대학교 교육연구처장 역임
현재, 목포대학교 사범대학 수학교육과 명예교수
저서 《수학은 생활이다》, 《수학과 문화》, 《복권, 아는 만큼 보인다》
역서 《게임 이론》

이헌수
목포대학교 수학과 졸업
목포대학교 대학원 (이학 석·박사)
전남대학교 대학원 (수학교육학 박사)
목포해양대학교 강사
목포기능대학 강사
현재, 목포대학교 사범대학 수학교육과 교수
저서 《복권, 아는 만큼 보인다》

수학
퍼즐

지은이 박형빈 · 이헌수
펴낸이 조경희
펴낸곳 경문사
펴낸날 2019년 1월 20일 1판 1쇄
등 록 1979년 11월 9일 제313-1979-23호
주 소 04057, 서울특별시 마포구 와우산로 174
전 화 (02)332-2004 팩스 (02)336-5193
이메일 kyungmoon@kyungmoon.com
facebook facebook.com/kyungmoonsa

값 10,000원

ISBN 979-11-6073-167-5

★ 경문사 홈페이지에 오시면 즐거운 일이 생깁니다.
http://www.kyungmoon.com

 MEMO

 **MEMO**